푸드 지오그래피

푸드 지오그래피

초판 1쇄 발행 2024년 6월 17일
초판 3쇄 발행 2024년 12월 20일

지은이 김영규, 김진형, 김차곤, 남길수, 엄주환, 윤정현, 이두현, 이우평, 이진웅, 조성호, 조철민

펴낸이 김선기
펴낸곳 (주)푸른길
출판등록 1996년 4월 12일 제16-1292호
주소 (08377) 서울시 구로구 디지털로 33길 48 대륭포스트타워 7차 1008호
전화 02-523-2907, 6942-9570~2
팩스 02-523-2951
이메일 purungilbook@naver.com
홈페이지 www.purungil.co.kr

ISBN 978-89-6291-097-1 03980

푸른길

머리말

여러분들이 살아가면서 가장 행복감을 느낄 때는 언제인가요? 아마 많은 분이 평소 꿈꾸던 곳으로 여행을 떠나거나 맛난 음식을 먹을 때를 떠올리셨을 것입니다. 하물며 꿈꾸던 여행지에서 맛있는 음식을 먹는 상상은 어떨까요? 『푸드 지오그래피』는 여러분들의 이런 맛있는 상상을 위해 엮어 놓은 음식에 관한 지리 이야기입니다. 현대사회에서 음식은 단순히 생명을 이어가기 위한 대상만이 아닙니다. 많은 사람이 점점 먹는 시간과 공간, 분위기까지를 즐기고 싶어 합니다. 음식의 기원과 전파, 음식문화의 확산 등 음식에 담긴 다양한 역사·문화적 의미와 맥락을 이해한다면 먹는 시간이 더욱 흥미롭고 즐거울 것입니다.

이 책은 세계의 다양한 음식을 소개하며 음식마다 그 나라의 자연환경과 종교, 역사, 그리고 국민성과 생활 양식을 반영하고 있다고 이야기합니다. 동남아시아 국가의 음식은 어째서 유달리 향신료를 많이 쓰는 건지. 유럽인들이 치즈를 즐겨 먹는 이유는 무엇인지. 이누이트는 왜 날고기를 먹는 것인지. 중국의 쓰촨 지방 사람들이 매운 음식을 좋아하는 이유는 무엇인지. 그 이유를 찾아보면 사람들의 생활 양식이 그 지역의 기후, 지형, 토양, 식생 같은 자연환경과 그곳에서 생산되는 곡식, 채소, 과일 등 재배 작물, 그리고 덥고 춥고 습하고 건조한 기후와 밀접한 연관이 있다는 것을 알 수 있습니다. 음식은 장소와 시간과 별도로 분리하여 생각할 수 없습니다. 한 문명이 발전하고 융화되는 일과 직결된 만큼 음식에는 많은 이야기가 숨겨져 있습니다.

앞서 음식과 관련하여 많은 책자가 출간되었습니다. 이 책은 지리, 역사, 문화 등 다양한 현장 연구를 진행하고 있는 전국지리교사연합회에서 활동 중인 선생님들이 모여 만들었습니다. 중·고등학교 학생들에게 교과서에서 제시하는 세계 여러 지역에 관한 음식과 문화에 관해 백과사전처럼 지식만을 전달하기보다는 그 지역에서 살아가는 주민들의 삶을 들려줍니다. '지리'와 '역사'를 양념으로 더하여 생생하고 재미있는 음식 이야기를 전한다는 점에서 이전에 발간된 책과는 색다른 즐거움을 느낄 수 있을 것입니다.

우리나라와 세계 음식의 기원을 찾아 역사를 거슬러 올라가 봅시다. 세계지도 위를 걷는 기분으로 책장을 넘기다 보면, 지리적인 요소와 더불어 음식이 어떻게 전파되고 이어져 왔는지를 쉽게 이해할 수 있습니다. 음식의 이면에 숨겨진 다양한 이야기를 통해 식재료와 음식의 기원을 재조명하고 역사적 사건과 인물을 만나 보길 바랍니다.

목차는 기후와 지형 등의 자연환경, 인물, 전쟁과 정복, 역사적 사건, 종교 등 주제로 분류하고, 각각의 음식과 관련하여 장소와 공간에 관한 지리적인 이야기를 가미하고자 하였습니다. 최근 먹방 같은 영상들이 인기를 끌고 있는 데서 알 수 있듯이 먹는 것에 관한 관심이 부쩍 높아졌습니다. 『푸드 지오그래피』를 통해 우리가 먹는 음식이 어떻게 만들어졌으며, 또 어떤 역사·문화적 맥락을 담고 있는지를 알게 된다면 우리의 삶이 좀 더 알차고 의미 있게 느껴질 것으로 생각합니다.

저자 대표

전국지리교사연합회 회장 이우평

CONTENTS

제3장 역사

제4장 전쟁과 정복

제1장

자연환경

유럽의 파스타, 베트남의 쌀국수, 인도네시아의 미고렝, 중국과 우리나라의 국수 등 면발 형태의 다양한 국수 요리들은 그 지역의 기후의 영향을 받아 만들어졌습니다. 국수는 본래 밀을 재료로 하지만 세계적인 쌀 생산국인 베트남과 태국에서는 밀 대신 쌀로 국수를 만듭니다. 동남아시아 국가의 음식에 들어가는 향신료 또한 무덥고 습한 기후에 음식의 부패를 막기 위함이라고 합니다. 지중해권의 유럽 국가들은 올리브와 포도 재배에 적합한 기후로 대부분 음식과 요리에 올리브유를 사용하고 포도주를 즐겨 마십니다. 이처럼 음식은 재료가 생산되는 지역의 기후와 자연환경의 특징, 그리고 이를 반영한 조리 방법에 따라 지역마다 다양합니다. 마라탕과 훠궈 같은 중국 쓰촨 지방의 매운 음식들도 기후의 영향을 받아서 만들어졌다고 하는데, 여기에는 어떤 비밀이 숨겨져 있을까요?

내륙 산간 지역인 안동에서 간고등어가 유명해진 까닭

등 푸른 바다생선 고등어는 우리 가정의 식탁에 자주 오르는 음식입니다. 고등어는 동해의 동한난류를 타고 이동하기 때문에 동해에서 많이 잡히고 있습니다. 그런데 특이하게도 고등어같이 상하기 쉬운 생선을 소금에 절여 저장하였다가 먹는 조리법인 자반고등어*는 어쩌다 바다가 아닌 내륙에 깊숙이 위치한 안동에서 유명해진 것일까요? 그 답은 바로 고등어가 이동되는 과정에서 나타나는 날씨와 안동의 지형적인 조건이 반영된 결과라고 할 수 있습니다.

고등어란 이름의 유래로는 등이 언덕皐처럼 둥근 모양이라서 고등어皐登魚라 명명했다는 설과 생김새가 부엌에서 쓰는 칼과 비슷하다 하여 고도어古刀魚라 했다는 기록이 『동국여지승람東國與地勝覽』에 쓰여 있다고 합니

* 소금으로 간을 했다고 하여 간고등어라고도 합니다.

국민 생선 고등어

고등어는 등에 녹색을 띤 검은색 물결무늬가 있고 배는 은백색인데 이는 바다에서 하늘과 바다 깊은 곳의 천적으로부터 보호하기 위한 것이라고 합니다. 고등어는 보리처럼 영양가가 높고 가격이 저렴해 '바다의 보리'라 불리며, 두뇌에 좋은 뇌세포 활성물질인 DHA와 오메가-3 지방산이 많아 혈액순환과 성인병 예방에 효과가 있는 가장 친숙한 생선입니다.

다. 고등어는 생후 2년이면 몸의 길이가 40cm 정도의 성어가 되며, 한국·일본·대만 등지에 분포합니다. 고등어는 부패가 빠른 생선이기 때문에 운송업이 발달하기 전에는 자반으로 만들어 먹는 것이 일반적이었습니다.

쉽고 빠르게 부패하는 성질을 지닌 고등어는 해안 지역에서는 일반적으로 통고등어 상태로 구이를 해서 먹지만, 내륙 지역에서는 이동과정에서 부패하는 것을 방지하기 위해 주로 말리거나 염장을 해서 먹습니다. 과거 안동에서는 고등어를 80km 정도 떨어진 동해안의 영덕에서 지게나 우마에 실어 가져와야 했기 때문에 최소 이틀의 시간이 필요했습니다. 그래서 겨울을 제외한 시기에는 중간 지점에서 고등어를 염장해 옮길 수밖에 없었습니다. 이렇게 이동하는 과정에서 부패를 막기 위해 임동면 챗거리장*에서 염장하여 만들어진 음식이 바로 안동 간고등어입니다.

옛날 안동사람들은 가장 가까운 해안 지역인 영덕으로부터 많은 해산물

* 안동호와 임하호가 위치한 임동면에서 열리던 영남내륙 최대의 장터 중 하나로, 지금은 안동댐 건설로 인해 수몰되어 버려 흔적을 찾을 수 없습니다.

을 운반하여 먹을 수 있었습니다. 동이 틀 무렵 영덕의 강구항을 출발한 고등어 달구지는 날이 저물어서야 임동의 챗거리장에 도착했습니다. 임동은 안동에서 동쪽으로 약 4km 떨어진 곳으로, 간잽이(생선을 소금에 절이는 사람)들은 여기서 고등어의 배를 갈라 창자를 빼내고 왕소금을 뿌렸습니다. 소금이 뿌려진 고등어는 안동까지 오는 과정에서 바람과 햇빛에 의해 자연숙성되었고, 비포장된 길에서 덜컹거리는 달구지에 실려 오는 동안 자연스럽게 물기가 빠지면서 안동에 도착할 즈음에는 육질이 단단해지고 간이 잘 배서 맛있는 간고등어가 되었습니다.

고등어는 수온이 상승하는 여름에는 북쪽으로 이동하고, 수온이 하강하는 겨울에는 남쪽으로 이동합니다. 그래서 위치적으로 한류와 난류가 교차하는 강원도와 경상북도의 동해에서 많이 잡힙니다. 그렇다면 왜 간고등어로 강원도 동해안과 인접한 양구·인제·정선·태백 지역이 아닌 경상북도 안동이 유명해졌을까요?

강원도의 태백산지는 약 2300만 년 전 동해의 지각이 열리면서 비대칭적인 융기운동으로 형성되었는데, 융기량은 지역마다 다릅니다. 강원도의 태백산지는 융기가 활발히 진행되어 1,000m 이상의 높은 산지를 이루고 있는 반면, 소백산지를 지나 경상북도로 내려갈수록 융기량이 적어져 해발고도가 1,000m 이하로 낮아집니다. 그러다 보니 육로를 통해 달구지로 이동했던 과거에는 아무래도 높은 산지보다는 지대가 낮은 곳을 찾아 이동하려고 했을 것입니다. 따라서 높은 태백산지 고개를 넘어야 도달하는 양구·인제·정선·태백보다는 상대적으로 고도가 낮은 안동이 고등어를 이동하기에 유리했을 것입니다. 또한 영덕에서 안동으로 가는 고갯길이 강원도의 내륙 산

간고등어 생선을 올린 제사상

안동은 조선시대의 유교 문화가 깊게 뿌리내린 지역으로 제사 문화가 잘 발달해 있습니다. 제사 음식은 반드시 신선하고 깨끗해야 하는데, 간고등어는 소금에 절여져 있어 오랫동안 보관할 수 있고 신선함을 유지하기에 용이합니다. 따라서 간고등어는 제사상에 올리는 음식으로 제격입니다.

간 지역보다는 상대적으로 고도가 낮다 보니 바람길이 형성되면서 바람을 통해 자연 숙성이 잘되었기 때문에 간고등어가 잘 숙성되었다고도 볼 수 있습니다.

한편, 안동이 간고등어로 유명해진 또 다른 이유는 수요가 많았다는 사실입니다. 안동은 사회문화적으로 볼 때 유교적 전통을 중시했던 유교 문화의 중심지였습니다. 집성촌(같은 성씨가 모여 사는 마을)이 많다 보니 제사를 지내는 일이 잦아 격식 있는 음식의 수요가 많았습니다. 보통 제사상에는 '치'자가 붙은 생선을 올리지 않았기 때문에 상어나 문어, 간고등어가 안동 사람들이 자주 찾는 반찬으로 유명했다고 합니다.

내륙 지역에서 생선이 대표 음식이라니 참 신기하죠? 내륙 지역의 사람들이 접하기 힘든 간고등어가 오히려 길을 거슬러 올라가 어촌에서 찾는 음식이 되었다니 참으로 아이러니한 일입니다.

고문헌 속에 고등어는 어떻게 기록되어 있을까?

고등어의 서식지에 관한 정보는 우리 고문헌에도 잘 기록되어 있는데, 조선 시대에 편찬된 『신증동국여지승람』과 허균의 『성소부부고』, 그리고 최근 영화로도 제작되었던 정약전이 지은 『자산어보』에 상세하게 기록되어 있습니다. 『신증동국여지승람』에는 "경상도 영해 도호부에 고등어가 난다"라는 기록이 있으며, 허균의 『성소부부고』를 살펴보면 "고등어는 동해에서 나는데 내장으로 젓을 담근 고등어 젓갈이 맛있다. 또 미어微魚라는 것이 있는데 가늘고 짧지만 기름져서 먹을 만하다."라고 언급하고 있습니다. 즉 고등어는 오래전부터 우리의 입맛을 사로잡았던 음식이라고 할 수 있습니다.

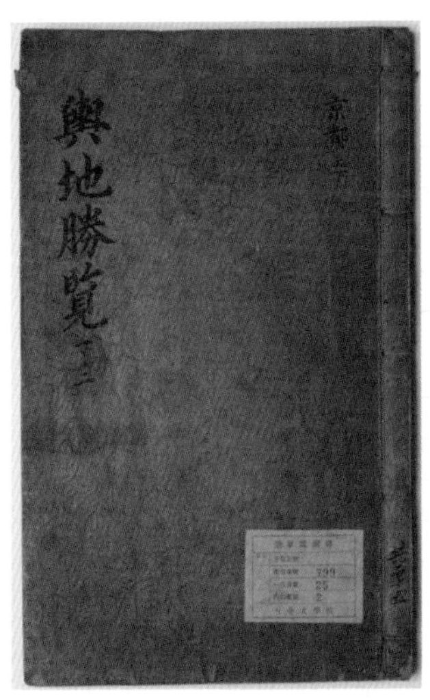

『**신증동국여지승람**』(출처: 신증동국여지승람-한국민족문화대백과사전)

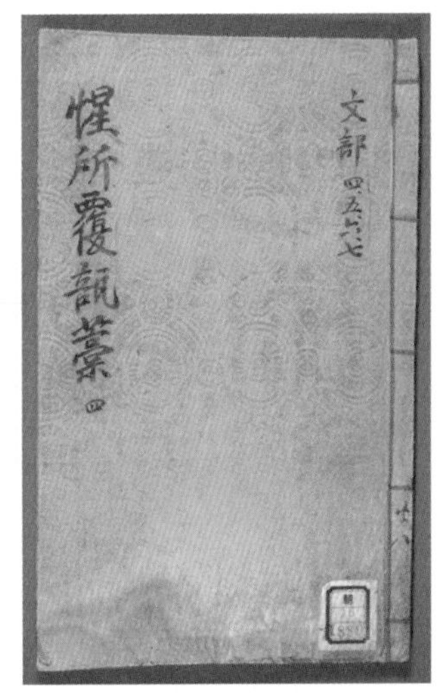

『**성소부부고**』(출처: 성소부부고-한국민족문화대백과사전)

대관령과 인제군에서 황태덕장이 발달한 이유

추운 겨울날 김이 모락모락 나는 얼큰한 생태탕이나 동태탕 그리고 시원한 북엇국이나 황태해장국을 먹어 본 적이 있나요? 이 요리들은 맛도 기가 막히게 좋지만 모두 술을 마신 다음에 먹으면 좋은 해장음식으로 단연 최고입니다. 그런데 이 음식들이 모두 같은 생선으로 만들었다는 걸 알고 있는지요?

기후는 음식 문화를 형성하는 데 많은 영향을 미칩니다. 같은 재료라 하더라도 그 지역의 기후적 특성에 따라 다양한 형태의 음식으로 발달하기도 하고, 음식 명칭 또한 다양하게 불리기도 합니다. 그 대표적인 예가 바로 명태로 동태, 생태, 북어, 코다리, 황태, 노가리 등 다양한 이름으로 불리고 있습니다. 명태를 얼린 것은 동태, 얼리거나 말리지 않은 자연 그대로를 생태, 바짝 말린 것을 북어, 반쯤 말린 반건조 상태를 코다리, 얼리고 말리고를 반복해서 3개월 이상 눈과 바람을 맞으며 건조한 것을 황태, 그리고 명태의 새끼

명태의 다양한 이름

명태라는 이름의 유래에는 여러 가지 설이 존재합니다. 함경도 북청군의 명천이라는 곳에서 명태가 많이 잡혀 명태라고 불리게 되었다는 설과 명태를 처음 잡아 판 사람의 이름이 '명태'였다는 설, 그리고 중국어 밍타이(明太漁)에서 유래되었다는 설 등이 있습니다.

명태 말리는 황태덕장의 모습

황태덕장은 명태를 황태로 만들 위한 장소를 의미합니다. '덕'은 건조대, '장'은 장소를 의미합니다. 즉 황태덕장이라는 명칭은 명태를 황태로 만드는 건조장이라는 의미에서 유래된 것입니다.

를 바짝 말린 것을 노가리라고 합니다.

그 가운데 황태 이야기를 해 볼까 합니다. 우리나라에서는 강원도 대관령 횡계리와 인제군 용대리가 황태덕장(명태를 말리는 덕대가 설치된 건조장)으로 유명합니다. 덕장에 걸린 황태는 밤에는 얼고 낮에는 녹으면서 겨우내 서서히 건조됩니다. 이런 과정을 거치면서 맛 좋은 황태가 되는데, 마른 후에도 외형은 불린 것처럼 통통하고 노랗거나 붉은 색을 띠며 속살은 희고 포슬포슬하여 향긋하고 구수한 맛을 내는 것이 특징입니다.

우리나라에 황태덕장이 생긴 것은 그리 오래전의 일은 아닙니다. 불과 100년도 채 되지 않은 일인데요. 우리나라에서 황태덕장이 처음 발달한 곳은 대관령 횡계리와 인제군 용대리입니다. 그렇다면 이곳에 황태덕장이 세워진 배경은 무엇일까요? 이 지역에 황태덕장이 처음 형성된 시기는 한국전쟁 직후입니다. 북한에서 이주해 온 피난민들이 자신들의 경험을 살려 명태를 말리기에 적합한 지형적·기후적 특성을 갖춘 이곳에 황태덕장을 만들었습니다.

명태는 한류성 어족이기 때문에 남한보다는 북한에서 많이 잡혔고, 황태 또한 북한에서 주로 먹던 음식이었습니다. 한국전쟁이 일어나면서 함경도 피난민들이 휴전선 부근인 속초 등지에서 실향민들과 함께 터전을 닦고 살게 되었고, 함경도 날씨와 비슷한 진부령·미시령·대관령 일대에서 함경도 사람들로부터 황태가 만들어지기 시작했습니다. 이렇게 진부령·미시령·대관령 일대에서 황태를 건조할 수 있었던 것은 북한에서 온 피난민들의 이주 역사와 관련이 깊습니다.

그렇다면 왜 대관령 횡계리와 인제군 용대리가 황태덕장으로 유명해졌

눈에 파묻힌 강원도 황태덕장

황태구이

황태구이는 말린 명태를 구워서 만든 요리로, 고소하고 담백한 맛이 특징입니다. 주로 간단한 양념을 사용하여 황태 본연의 맛을 즐기는 방식으로 조리됩니다. 또한 황태구이는 간장, 고추장, 소금, 버터, 마늘, 고추기름 등 다양한 양념과 조리법을 통해 여러 가지 맛으로 즐길 수 있습니다.

을까요? 왜 가까운 속초나 강릉이 아닌 1,000m 이상의 산간 지역에까지 이동해 와서 황태덕장을 해야만 했을까요? 그 이유는 대관령 횡계리와 인제군 용대리의 지형과 기후적 특성이 황태 말리기에 최적의 자연조건을 갖추고 있기 때문입니다. 황태는 명태가 일주일 간격으로 60여 차례 이상 얼었다-녹았다-얼었다를 반복하면서 완성됩니다. 그러다 보니 황태덕장은 주로 바람이 많이 불어 건조하기가 좋고, 눈이 적당히 내리면서 추운 곳에 입지하게 되는데요. 횡계리와 용대리는 이러한 입지 조건을 모두 만족하는 최적의 장소입니다.

횡계리와 용대리는 위치적으로 볼 때 겨울철에 북서계절풍이 불어올 때는 바람받이 사면이 되고, 북동 기류가 우세할 때는 바람그늘 사면이 되는 곳입니다. 그래서 푄 현상이 자주 발생합니다. 즉 북서계절풍이 불어올 때는 지형적인 영향으로 눈이나 비가 오는 조건이 되고, 북동 기류가 불어올 때는 건조한 바람이 불어오면서 명태를 말리기 좋은 조건이 되는 곳입니다.

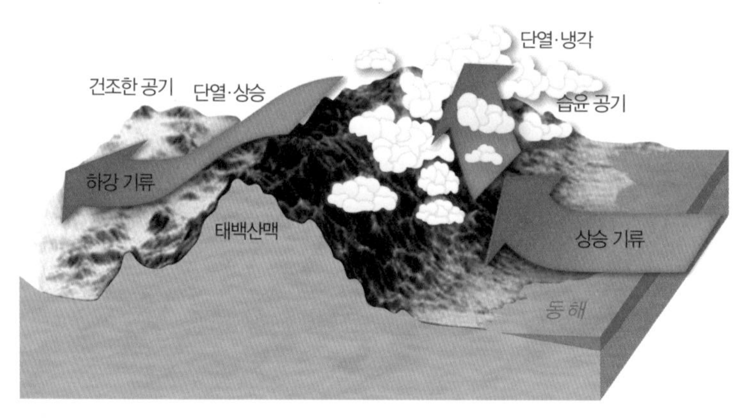

푄현상

푄현상은 바람이 산맥을 넘어오면서 발생하는 건조하고 따뜻한 바람을 일컫는 기상 현상입니다. 주로 알프스산맥, 로키산맥, 안데스산맥에서 잘 발생하지만, 높은 산지가 있는 곳이면 어디든 잘 발생합니다. 푄현상은 농업 활동과 산불 발생 등 인간 생활에 많은 영향을 주고 있습니다.

푄 현상은 수평으로 이동하던 공기 덩어리가 높은 산지 사면을 타고 상승하면서 단열 팽창에 의해 응결 현상이 일어나 지형성 강수가 나타나고, 수증기를 상실한 채로 산지를 넘어가면서 기온이 상승하고 습도가 낮아져 고온건조한 바람으로 변하게 되는 기온 변화 현상을 말합니다.

또한 횡계리와 용대리는 한겨울에 기온이 영하 15℃를 오르내릴 정도로 춥고, 삼한사온(겨울철 3일 춥고 4일 따뜻한 기온이 반복되는 기후현상으로, 최근 기후온난화의 영향으로 완화되는 추이)이 되풀이되는 입지 조건을 갖추고 있습니다. 특히 진부령에서 대관령·태백·삼척으로 이어지는 태백산지 구간은 남한에서도 가장 해발고도가 높은 지역으로 겨울철 기온이 매우 낮은 저온고지低溫高地의 지역입니다. 해발고도가 높아질수록 평균 기온은 낮아지는데, 용대리가 위치한 진부령과 대관령 횡계리 일대는 해발고도가 높은 곳이기 때문에 평균 기온이 낮습니다. 특히 대관령은 해발고도가 높아 우리나라에서 평균 기온이 가장 낮고 바람이 강하며 지형과 풍향의 영향으로 눈이 많은 곳이기도 합니다.

정리하면 황태는 기온, 바람, 강수 등 기후적인 영향과 지형적 조건이 결합되어 발달한 음식으로, 대관령 횡계리와 인제군 용대리는 태백산지의 지형 환경과 겨울철 기후 특성이 명태 말리기에 최적의 조건을 형성하고 있기 때문에 황태덕장이 발달했다고 할 수 있겠습니다.

이제 속초에 정착한 피난민들이 왜 가까운 속초를 두고 머나먼 산간 지역까지 와 황태덕장을 열었는지 이해가 되었나요?

바람길에 위치한 대관령 횡계리와 인제군 용대리

사람이 어느 곳을 가고자 할 때 길을 따라서 이동하듯이 바람도 길을 따라 이동하는데요. 이를 바람길이라고 합니다. 그래서 인근 지역보다 바람이 많이 분다고 느껴지는 곳이 있다면 그곳이 바람길일 확률이 매우 높습니다. 대관령 횡계리와 인제군 용대리는 태백산지의 대표적인 바람길입니다. 대관령은 강릉과 평창을 잇는 태백산지의 고개이름이고, 인제군 용대리는 진부령과 미시령의 서쪽 사면에 위치한 작은 마을입니다. 이곳의 바람은 산지를 넘어갈 때 불어오던 방향 그대로 넘어가기보다는, 좀 더 낮은 쪽으로 모여서 이동하는 경향이 강합니다. 그래서 같은 산지라 하더라도 조금 더 낮은 고도를 보이는 고개 쪽으로 바람이 모여듭니다. 즉 우리나라의 주요 고개들은 사람들이 이동하는 통로가 되기도 하지만 바람이 지나가는 바람길이기도 한 것입니다. 대관령 횡계리와 인제군 용대리는 바람길의 통로이기 때문에 바람이 많이 부는 곳이라고 할 수 있습니다. 특히 용대리 같은 경우는 그 지역 사람들에게 풍대리라고 불릴 정도로 바람이 많이 불어서 황태가 잘 마르는 곳이기도 합니다.

풍력발전기가 있는 대관령 풍경

반건조 생선의 대명사, 과메기와 굴비

우리나라는 삼면이 바다로 둘러싸인 반도국입니다. 바다를 끼고 있는 국토의 특성상 어로 활동으로 얻은 생선이 우리의 밥상에 오르는 일은 그리 낯설지 않은 일입니다. 생선은 며칠만 지나도 쉽게 상하기 때문에 오래 두고 먹기 위해서는 말려서 보관하거나 염장을 해야 합니다. 그런데 염장을 하려면 소금이 필요합니다. 옛날에는 소금이 비싸기도 하고 구하기도 어려워서, 우리 조상들은 오징어, 조기, 청어 등의 생선을 염장하는 대신 말려서 먹었습니다.

생선을 건조해 먹는 문화는 생선이 잡히는 곳이 바다이기 때문에 당연히 바닷가에서부터 시작되었습니다. 바닷가는 일 년 내내 육지 쪽으로 부는 해풍과 바닷가로 부는 육풍의 영향을 동시에 받는 곳으로 생선을 말리기에 더없이 좋은 장소입니다.

우리나라의 대표적인 생선 건조식품 중의 하나로 동해안 포항 일대에서

과메기 덕장과 과메기

청어는 대표적인 한류성 어종으로 한국, 중국, 일본과 러시아 극동, 아메리카 서부 등지에서 어획됩니다. 고등어와 마찬가지로 천적으로부터 보호를 위해 몸 빛깔은 담흑색에 푸른색을 띠지만 배 쪽은 은백색을 띱니다.

생산되는 과메기가 있는데, 그 명칭은 '청어의 눈을 꼬챙이로 뚫어 꿰어 말렸다'라는 관목貫目에서 유래합니다. '목'을 구룡포 방언으로 '메기'라고 발음하여 관목이 '관메기'로 변하고 이후 다시 'ㄴ'이 탈락하면서 '과메기'로 굳어진 것입니다.

동해안에서는 예로부터 청어잡이가 활발해서, 겨우내 잡은 청어를 냉훈冷薰법이란 독특한 방법으로 얼렸다 녹이는 것을 반복하여 건조한 과메기를 많이 생산해 왔습니다. 최근에는 청어가 적게 잡히는 대신 꽁치 과메기가 늘고 있는 추세입니다.

과메기는 동해안 일부 지역과 서남해안에서도 생산되고 있지만 전국 시장의 90% 이상이 포항에서 생산됩니다. 그렇다면 왜 포항에서 과메기가 많이 생산되고 있을까요? 이는 포항 근해에서 청어가 많이 잡히기도 하고, 건조하는 데 최적의 조건을 지닌 장소이기 때문입니다. 과메기는 밤에는 영하의 추운 날씨에 찬바람이 불어야 하고, 낮에는 온화하지만 쌀쌀한 바닷바람이 불어 주어야 맛이 있다고 합니다. 동쪽 땅끝에 위치한 포항의 구룡포는 해가 일찍 떠 일조량이 풍부하고, 겨울에는 태백산지를 넘어온 차가운 북서계절풍과 동해에서 불어오는 해풍이 만나기 때문에 과메기를 만드는 데 좋은 조건을 갖추고 있다고 할 수 있습니다. 이는 포항 구룡포에서 생산되는 과메기를 전국에서 최고로 알아주고 있는 이유입니다.

동해안의 포항에 과메기가 있다면 서해안의 영광에는 굴비가 유명합니다. 굴비는 조기를 소금에 절여 해풍에 말린 생선입니다. 굴비라는 명칭은 고려시대부터 시작되었는데, 그만큼 오래전부터 조상들은 조기를 건조해서 먹었습니다. 예전에는 영광 법성포 인근의 칠산 앞바다에서 조기가 많이 잡혔는데, 지금은 예전과 달리 그곳에서 조기가 더 이상 잡히지 않는다고 합니다. 오히려 추자도 인근 어장에서 잡은 조기를 영광 법성포로 가져온 후, 이곳에서 건조한 후 영광굴비로 포장되어 판매되고 있다고 합니다. 그래서 영광에서 건조했다고 해서 모두 '영광굴비'라고 할 수 있는지에 대한 논쟁이 있기도 합니다.

그렇다면 영광에서 굴비가 유명해진 이유는 무엇일까요? 조기는 서해안

조기와 굴비

조기는 생선 가운데 가장 으뜸이 되는 민어과 생선으로, 우리나라 사람이 가장 좋아하는 생선입니다. 예부터 잔칫상이나 제사상에 빠지지 않고 올랐습니다. 굴비는 조기를 소금에 절여서 바람에 말린 건어물로, 건조 및 보관 과정 때문에 조기보다 가격이 비싸고 전통적으로 귀한 음식으로 여겨지고 있습니다. 조기는 신선한 상태로 구이, 찜, 조림 등으로 요리를 하지만, 굴비는 굴비찜, 굴비찜밥 등 물에 불려서 요리하는 경우가 많습니다.

과 남해안에서 잘 잡히는데 왜 하필이면 영광일까요? 그것은 굴비 맛이 일품이기 때문입니다. 영광 굴비 맛의 비밀은 조기의 상태, 소금, 바람, 일조량에 있습니다. 조기 떼는 해빙기가 되면 산란을 위해 연평도까지 북상하는데 조기떼가 칠산 앞바다에 도달하는 음력 4월 10일부터 30일 사이에 조기들은 산란을 위해 알이 꽉 차 있는 상태가 됩니다. 알도 많고 몸짓도 통통한 조기들이 칠산 앞바다에서 잘 잡히는 이유입니다. 그리고 영광 주변은 강수량이 적은 곳으로 천일염이 많이 생산됩니다. 즉 소금을 구하기가 다른 지역에 비해 수월했습니다.

게다가 바다에서 불어오는 바람의 영향도 많이 받습니다. 영광은 겨울철에 북서계절풍의 영향을 많이 받는 지역입니다. 한낮에 덕장에 걸어 둔 조기들이 따사로운 햇빛을 받으며 꼬들꼬들 말려지고, 밤이 되면 해풍에 묻어 있는 습기들이 조기들을 촉촉하게 해 준다고 합니다. 즉 일교차가 큰 날씨

속에서 낮과 밤을 반복해서 마르고 습기가 더해지는 과정이 되풀이되면서 육질이 부드럽고 찰진 굴비가 만들어집니다.

또한 법성포는 지형환경도 해풍을 받기에 좋은 조건을 지니고 있습니다. 법성포는 위 아래로 산지가 막고 있는 골짜기에 위치한 지역으로 바람이 잘 불어 들어오는 바람길에 위치하고 있습니다. 따라서 해풍이 강하게 들어오기도 하고, 남쪽에서 불어오는 바람은 산지를 넘으면서 푄현상에 의해 고온 건조한 바람을 받을 수 있는 지역이기 때문에 바람으로 생선을 말리기에 최적의 장소라는 것입니다. 게다가 법성포가 굴비로 유명해지다 보니 굴비덕장이 많아져서 다른 지역에서 조기를 잡아도 영광으로 가져와서 건조시켜 판매한다고 합니다.

법성포 풍경

계절에 따라 달리 먹었던 우리 음식, 묵

한반도에 살던 우리 선조들은 일찍이 농경 생활을 바탕으로 음식 문화를 형성해 왔습니다. 곡물 중에는 쌀이나 보리로 지은 밥을 주로 섭취하였습니다. 그러나 시간이 지남에 따라 단순히 주식으로 먹던 밥 이외에도 곡물을 이용한 음식과 조리법이 발달하게 되었습니다. 그 예시로는 떡, 죽, 엿, 술, 장 등이 있습니다. 하지만 식재료로 이용할 곡물은 늘 풍족할 수 없었습니다. 흉작이 들면 사람이 먹을 곡물이 부족해지기 마련이었으며, 이를 대비하며 생겨난 여러 가지 음식들이 발달하게 되었습니다. 그중 하나가 바로 묵입니다.

묵을 만드는 재료는 곡류의 탄수화물 성분인 녹말입니다. 곡식을 쉽게 보관하기 위해 전분을 가루로 만들어 저장하고 있다가, 곡물이 부족할 경우 구황救荒식으로 섭취하기 위해 묵을 만들어 먹었던 것입니다. 묵을 만들기 위해서는 곡식을 갈아 가루 형태로 만든 후, 가루를 물에 풀고 끓이면서 바

녹두묵

녹두묵을 청포묵이라고도 합니다. 반면 녹두묵에 치자물을 들이면 황포묵이 됩니다.

옥수수묵

우리나라의 옥수수 중 약 30%가량은 강원도에서 생산됩니다. 강원도에서는 옥수수를 강냉이, 옥시기 등으로 부릅니다.

닥에 눌어붙지 않도록 지속적으로 젓는 과정을 거쳐야 합니다. 그런 뒤에 끓여 낸 묵을 식혀 굳히면 탱글탱글한 식감의 묵이 완성됩니다. 묵을 쑤는 과정은 상당히 길고 여러 단계를 거쳐야 했으므로 상당한 시간과 정성을 필요로 하는 음식이라고 할 수 있습니다.

묵에 들어가는 재료는 다양하게 나타났습니다. 작물의 재배가 가능한 지역적 차이와 계절에 따른 기후의 차이가 있었기 때문입니다. 이런 차이는 계절에 따라 제철 음식을 섭취하는 문화로 이어졌고 묵도 이러한 문화의 영향을 받아 만들어지게 되었습니다. 정월 초하루에 떡국을 먹고 대보름에 오곡밥과 묵은 나물, 추석에 송편을 먹듯이 제철에 나오는 곡물로 각기 다른 맛과 향의 묵을 만들어 냈습니다.

봄철에는 녹두를 이용해 묵을 쑤었습니다. 녹두는 팥과 비슷한 형태의 곡식입니다. 콩과의 한해살이풀로 우리나라에서는 이미 청동기시대부터 재배를 시작한 것으로 알려져 있습니다. 녹두는 묵을 만드는 데 필요한 전분이 많이 포함되어 있습니다. 쫄깃한 식감을 가진 당면이 바로 녹두로 만들어진 것입니다. 녹두로 만든 묵은 청포묵이라고 불렀습니다. 청포묵은 김가루와 쪽파를 넣어 무침으로 먹기도 하고 탕평채나 비빔밥에 넣어 먹기도 하였습니다. 봄철에 녹두로 묵을 쑤어 먹은 까닭은 "녹두가 성질이 차고 독이 없어 열을 내리게 한다"라는 『동의보감』의 구절과도 연관이 있습니다. 서서히 더워지는 음력 3월에 녹두로 만든 청포묵을 섭취하면서 무더운 여름을 대비하고자 했던 것입니다.

도토리묵

도토리는 100g당 약 200kcal, 가루로 만든 도토리는 이보다 높은 250~270kcal가 됩니다. 반면 도토리묵은 100g당 약 45~55kcal로 열량이 확연히 줄어듭니다.

메밀묵

척박한 환경에서도 잘 자라는 메밀은 밭농사가 발달한 제주도가 최대 생산지입니다. 제주도의 메밀은 이모작도 가능하다고 알려져 있습니다.

여름철에는 옥수수를 이용한 묵을 만들어 먹었습니다. 옥수수묵은 옥수수 앙금으로 쑨 묵으로 모양이 마치 올챙이와 비슷하다 해서 올챙이묵이라고도 불립니다. 강원도 지방의 향토음식으로 유명하며, 충북 북부 지방이나 강원도, 충남 금산, 전북 무주와 같은 산간 지방에서도 즐겨 먹었다고 알려져 있습니다. 산간 지방은 밭농사가 우세하므로, 옥수수를 많이 재배하였기 때문에 밭에서 나오는 곡물을 묵에도 이용한 것으로 추측됩니다. 생김새가 국수와도 비슷해 올챙이국수라고도 불리며, 양념장과 섞어 먹는 맛이 시원하고 구수해 여름철 별미음식으로 많은 사랑을 받고 있습니다.

가을철에는 도토리를 이용해 묵을 쑤었습니다. 흔히 우리나라를 두고 '국

탕평채

치우침이 없는 정치를 말하는 탕평蕩平이라는 용어에서 유래되었습니다. 붕당정치로 고심하던 조선 영조가 당파를 초월한 인재의 등용과 조정의 평화를 위하여 북인北人·동인東人·서인西人·남인南人의 사방신의 색을 상징하는 음식에 탕평채라는 이름을 붙인 것입니다. 탕평채에는 녹두로 만든 청포묵(백호), 쇠고기(주작), 미나리(청룡), 김(현무)이 반드시 포함됩니다.

토의 70% 이상이 산지로 이루어졌다'라고 표현합니다. 산지에서 자라는 다양한 종류의 나무 중에 도토리가 열리는 나무는 참나무에 속하는 나무들입니다. 예시로는 떡갈나무, 신갈나무, 졸참나무, 굴참나무, 상수리나무, 가시나무 등이 있습니다. 그중 특히 떡갈나무가 많은 지역에서 가을에 도토리를 이용해 묵을 쑤어 먹던 것이 유래가 되었습니다. 자생하는 떡갈나무의 도토리 열매를 이용하기 때문에 별도로 농사가 필요하지 않았고, 가난한 사람들도 쉽게 이용할 수 있던 음식이었던 것입니다. 다른 재료로 만든 묵은 중국이나 일본 등에서도 찾아볼 수 있지만 도토리묵은 우리나라에서만 먹는 것으로 알려져 있습니다. 도토리묵과 관련한 공식적인 기록은 임진왜란 때인데요. 피난을 가던 선조 임금이 도토리묵을 맛보고 그 맛이 생각나 궁궐로 돌아간 뒤에도 종종 찾았다는 기록이 있습니다. 가을 산에서 도토리를 쉽게 구할 수 있다 보니 가을이 제철로 알려져 있으며 쌉사름한 맛과 탱글탱글한 식감으로 아직도 등산 후 먹는 음식 등으로 많은 인기를 끌고 있습니다.

겨울철에는 메밀을 이용해 묵을 쑤었습니다. 지금은 쉽게 들을 수 없게 되어 버렸지만 '찹쌀~떡, 메밀~묵'하는 겨울밤의 야식 장수의 반가운 목소리에서도 겨울철에 메밀묵을 즐겨 먹었던 사실을 쉽게 알 수 있지요. 메밀은 척박하고 서늘한 기후에서도 잘 자라는 작물로 가을에 심어 초겨울에 수확할 수 있는 작물입니다. 메밀로 가루를 내어 묵을 만들고, 송송 썰어낸 겨울 김장 김치에 곁들어 먹거나 청포묵과 같이 국수처럼 길게 잘라 국수장국에 넣어 먹기도 하였습니다. 겨울철 메밀묵을 먹었던 이유는 메밀의 수확 시점이 겨울이어서 먹은 것도 있지만, 보관상의 이유도 있었습니다. 날이 따뜻해지면 묵이 잘 만들어지지 않기도 했고, 만들어도 쉽게 상하는 특성 때문에 메밀묵은 겨울철에 주로 먹게 되었습니다.

계절에 따라 제철 음식으로 이용되었던 다양한 종류의 묵을 건조해서 먹기도 하였습니다. 묵을 얇게 썰어서 건조한 것을 묵말랭이라고 하며, 일반 묵이 수분을 많이 머금고 있는 푸딩 같은 형태로 젓가락으로 약간만 힘을 주어도 쉽게 부서지는 반면, 묵말랭이는 대부분의 수분이 빠져나간 상태이므로 더욱 쫄깃하고 잘 부서지지 않는 독특한 식감을 지니고 있습니다.

선조들은 배고픈 시절을 이겨 내기 위해 각 계절에 많이 나거나 보관이 쉬운 작물로 묵을 쑤어 먹었지만, 시간이 지난 현재의 묵은 다이어트와 웰빙에 대한 관심도 증가로 다시금 주목받고 있는 음식이 되었습니다. 묵은 많은 양의 수분을 포함하고 있는 음식이므로 같은 양을 먹어도 칼로리가 적어 다이어트에 도움이 되기 때문입니다. 선조들의 보릿고개를 이겨 내기 위해서 애용되던 우리의 음식이 현대 사람들에게는 넘치는 열량 섭취를 줄이는 데에 도움을 주는 음식으로 변한 것을 보니 시대에 따라 음식의 역할도 변해 가고 있는 게 아닌가 하는 생각이 듭니다.

이한치한의 겨울 제철 음식, 냉면

무더운 여름철, 땀을 흘리며 생활하다 보면 시원하게 열을 식혀 주는 냉면冷麵 한 그릇이 떠오르기 마련입니다. 얼음을 동동 띄워 차게 식힌 육수에 면을 말아서 먹는 음식인 냉면은 원래 추운 겨울철에 주로 먹는 음식이었다는 사실을 알고 있었나요?

초기의 냉면에 대한 기록은 조선시대 백성들의 풍속을 담은 『동국세시기』나 궁중의 잔치 기록인 『진찬의궤進饌儀軌』 등의 기록에서 쉽게 찾을 수 있습니다. "메밀국수에 무김치와 배추김치를 넣고 그 위에 돼지고기를 얹어 먹는다"라고 하거나 "청신한 나박김치나 좋은 동치미 국물에 말아, 양지머리와 배, 배추통김치를 다져서 얹고 고춧가루와 잣을 얹어 먹는다"라는 두 서적의 기록으로 보아 냉면은 조선시대에 이르러 즐겨 먹었던 음식이라 여겨집니다. 지금과는 사뭇 다른 모습을 보이지만, 공통적으로 메밀국수를 이용하고 김치와 돼지고기를 곁들어 먹는다는 특징을 알 수 있습니다.

냉면을 겨울철에 주로 먹었던 이유는 무엇 때문일까요? 그 답은 냉면을 만드는 식재료에서 찾을 수 있습니다. 먼저, 냉면의 면은 주로 메밀로 만들었는데, 그 이유는 우리나라 북부 지방의 한랭한 기후에서 비롯합니다. 우리 민족은 예로부터 쌀을 주식으로 삼아 왔기 때문에 벼 재배가 가능한 조건이라면 벼를 우선적으로 재배했습니다. 하지만 기온이 낮고 강수량이 적으며 논농사가 가능한 평야 지대가 적었던 북부 지방에서는 벼보다는 보리, 메밀, 감자, 고구마 등의 밭작물을 재배하였습니다. 이런 작물들을 이용하여 탄생하게 된 음식 중의 하나가 바로 냉면이었던 것입니다. 특히 메밀의 짙은 향과 구수한 맛은 겨울철에 최고라고 합니다. 메밀과 함께 감자나 고구마전분으로 만든 냉면도 널리 알려져 있습니다.

초기에 냉면의 육수를 만드는 데에는 동치미 국물이 자주 사용되었는데, 이 동치미 국물에 없어서는 안 될 재료가 바로 무입니다. 겨울 무는 맛과 영양에 있어 최상의 상태이기 때문에 겨울 무를 이용한 동치미 국물을 만들었던 것입니다. 메밀을 먹을 때는 보통 무와 함께 먹었는데, 메밀이 가진 독성을 무가 중화할 수 있었기 때문입니다. 냉면은 시대를 거쳐 오며 다양한 형태로 발전하게 됩니다. 가장 대표적인 두 종류의 냉면은 평양냉면과 함흥냉면입니다. 평양과 함흥은 모두 북부 지방에 위치한 도시입니다. 두 냉면은 면의 재료가 서로 다른데, 흔히 평양냉면은 메밀을 주로 이용해 만들고, 함흥냉면은 감자나 고구마전분을 이용하는 것으로 알려져 있습니다.

메밀은 자연환경에 대한 적응력이 높은 작물입니다. 산간 지방과 같이 기온이 낮으며 습한 기후와 척박하고 메마른 토양에서도 잘 자라며, 생육 기간 또한 매우 짧습니다. 그러나 메밀만으로 면으로 만들기엔 메밀 속 글루텐* 함량이 매우 적어서 선조들은 메밀가루에 녹두에서 얻은 전분을 섞어 면을 뽑았습니다. 메밀은 사계절 모두 수확이 가능하지만 여름에 수확되는 메밀은 글루텐의 함량이 지나치게 적어 맛이 떨어지므로, 주로 늦가을이나 겨울철에 수확된 메밀을 음식에 이용하였습니다. 이렇게 메밀과 전분을 섞은 반죽을 넓게 펴서 칼로 썰거나 압축해서 뽑은 면에, 쇠고기를 고아 만든 육수나 꿩이나 닭고기를 고아 만든 국물, 동치미 국물 등을 붓고, 고명**으로 돼지고기나 무채김치, 배, 삶은 달걀, 오이 등을 곁들여 먹는 방식을 우리는 평양냉면이라고 부릅니다.

메밀 면을 찬 육수에 부어 먹는 평양냉면과는 달리, 함흥냉면은 감자나 고구마의 전분으로 면을 만듭니다. 감자와 고구마는 대표적인 구황작물로 가

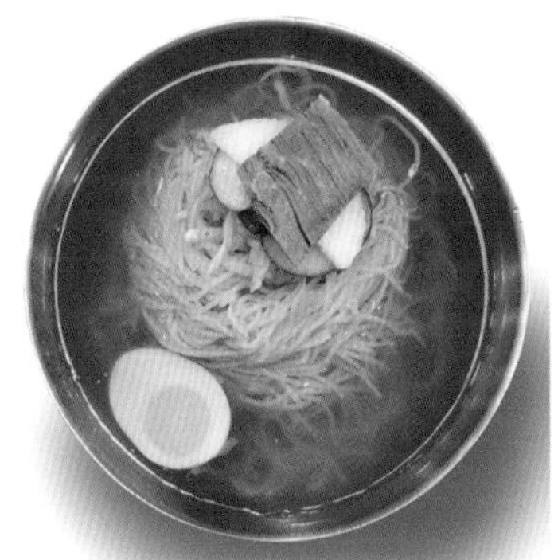
평양냉면

함흥냉면

* 글루텐은 식물에 들어 있는 식물성 단백질로, 찰기가 있는 물질입니다. 음식을 만들 때 접착제와 비슷한 역할을 하며, 글루텐 함량이 높을수록 면과 반죽이 쫀득하고 찰기가 돌아 잘 끊기지 않습니다.

** 고명은 음식의 모양이나 빛깔을 돋보이게 하고 식욕을 돋우기 위해 음식 위에 뿌리거나 얹는 식품으로 버섯, 실고추대추, 밤, 미나리, 당근, 계란 등이 있습니다.

뭄이나 장마 등 자연재해의 영향을 적게 받고 메밀과 같이 척박한 땅에서도 재배할 수 있는 까닭에, 밭 비중이 높은 강원도·함경도·평안도지역에서 널리 재배하던 작물이었습니다. 특히 일제강점기에는 부족한 식량을 대체하기 위한 작물로 감자가 대대적으로 보급되었습니다. 이때 함흥은 감자전분을 운송하는 수출항으로 기능하고 있었기 때문에 감자전분으로 만든 면이 만들어질 수 있었을 것이란 분석도 있습니다.

글루텐 함량이 낮아 툭툭 끊기는 메밀냉면과는 달리, 감자나 고구마전분으로 만든 면은 잘 끊기지 않고 질긴 특징을 갖고 있습니다. 감자나 고구마의 전분으로 만든 냉면은 일반적으로 맵거나 새콤한 양념과 더불어 가자미나 홍어 등 생선회와 비벼 먹습니다. 이런 방식은 함흥냉면으로 잘 알려져 있습니다. 북한에서는 원래 감자전분으로 뽑은 냉면을 농마(녹말의 북한어) 국수라고 불렀습니다. 농마국수는 농마회국수라고도 불리며 가자미 등의 회에 무쳐 먹는 냉면이었습니다. 이 음식이 한국전쟁 이후 남한으로 건너오게 된 실향민들에 의해 함흥냉면이라고 불리며 널리 알려진 것입니다. 이후 함흥냉면은 감자전분을 이용한 국수에 생선회와 비벼 먹는 음식을 지칭하게 됩니다. 현재는 비싼 감자전분보다 값싼 수입산 고구마전분이 면의 주요 재료로 이용되고 있다고 합니다.

북부 지방의 한랭한 기후와 척박한 환경에서 주민들은 다양한 종류의 음식 문화를 만들어 내게 되었습니다. 겨울철에 즐겨 먹었던 냉면은 제면·냉장 기술의 발달로 무더운 여름철에도 즐길 수 있게 되었으며, 새로운 재료의 변화와 요리법의 추가로 칡 냉면이나 밀면 등 다양한 모습으로도 즐길 수 있게 되었습니다.

동서 문화교류의 대명사, 국수

인류 최초의 면 요리 국수는 중국의 신장 위구르 지역에서 출현한 것으로 보고 있습니다. 그러나 국수의 원재료인 밀은 기원전 7000년경부터 지금의 시리아, 이라크 지역인 메소포타미아가 원산지입니다. 이 지역에서 밀이 실크로드를 타고 중국에 전해져 국수라는 요리가 생겨났다고 합니다.

지금의 신장 위구르 지역은 사막입니다. 그렇다면 사막에서 어떻게 밀이 재배되었을까요? 이는 기후변화와 관련지어 생각해 볼 수 있습니다. 신장 위구르 지역의 사막 곳곳에서 호양림*이라는 숲이 발견되었는데요. 이 호양림은 수천 년 전 말라죽은 나무들입니다. 이 호양림 숲이 있다는 것은 과거 아주 오래전 신장 위구르 지역이 숲에 식생이 존재했다는 증거이기도 합니다. 게다가 이 지역에 많은 물이 흘렀던 협곡들이 존재하고 있습니다. 즉 이

* 세계적으로 가장 오래된 사시나무의 일종인 호양胡楊나무는 은행나무와 견줄 정도로 귀중한 교목으로 '살아 있는 화석의 나무'로 불립니다.

곳이 과거에는 물이 흘렀고, 농사도 가능했다는 것을 추측할 수 있습니다. 옛날 사람들은 아마도 그 물을 이용하여 밀농사를 지었을 것입니다. 밀은 일정한 양의 물만 있으면 농사가 가능한 작물입니다.

지구는 신생대 4기(200만 년 전~현재)에 이르러 여러 번의 기후변화가 있었는데요. 지금으로부터 약 5000~6000년 전에는 지금보다 평균기온이 3~4℃ 높았던 시기였기 때문에 신장 위구르 지역은 지금보다 강수량이 많았던 곳입니다. 기후변화를 설명할 때 빙하기와 간빙기로 구분하여 설명하는데 흔히 빙하기라고 하면 전 지구가 얼음과 눈으로 덮인 것으로 오해합니다. 그러나 실제로는 그렇지 않습니다. 지구 자전의 각도 차이에 의해 입사각이 좁아지면서 고위도로 갈수록 단지 빙하에 의해 덮인 면적이 지금보다 넓었던 것입니다. 즉 빙하기에도 적도 근처는 지금과 마찬가지로 열대 기후였습니다. 지금과 같은 기후시스템을 유지했지만 빙하의 영향을 받는 범위가 달랐을 뿐입니다. 따라서 신장 위구르 지역이 지금은 사막이지만 그 당시에는 밀농사가 가능했던 만큼 강수량이 많고 기온이 높은 기후 조건이었습니다. 국수도 그때 그곳에 살던 사람들에 의해 만들어졌을 것이고요. 결론적으로 신장 위구르 지역이 기원전에는 지금보다 기후가 더 온화했던 곳으로 밀 농사가 가능했다는 것입니다.

기후는 음식 문화를 형성하는 데 많은 영향을 끼칩니다. 어떠한 기후가 나타나느냐에 따라서 그 음식에 들어가는 재료와 요리법이 달라지기도 합니다. 같은 요리도 재료가 달라져 맛과 모습이 다르게 나타날 수 있습니다.

국수의 출현지인 중국은 대부분 기온의 연교차가 큰 대륙성 기후의 특징을 보이며, 겨울이 길고 매우 춥기 때문에 전통적으로 탕 문화가 발달하였

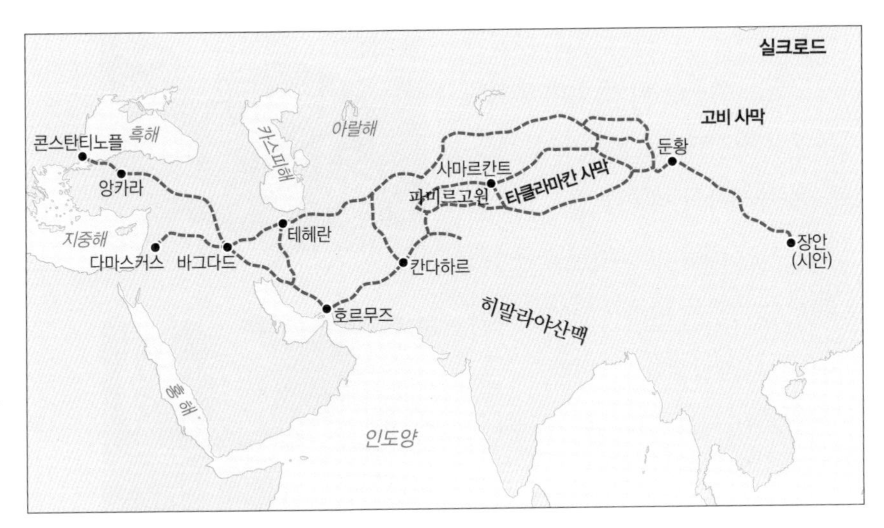

실크로드 누들

실크로드는 아시아와 유럽을 연결하는 고대 무역로로, 여러 문화권의 식재료와 조리법이 혼합되어 독특한 요리가 탄생하게 되었습니다. 즉 실크로드를 따라 다양한 문화권에서 면 요리가 발달하였으며 각기 다른 재료와 조리법을 통해 독특한 풍미를 지닌 누들 요리가 탄생하였습니다.

습니다. 토양의 영향으로 수질 또한 좋지 않아 전통적으로 차 문화가 발달한 데다가, 추운 기후 특성으로 인해 물도 끓여서 먹어야 했습니다. 이렇게 중국에서 밀이 탕 문화와 만나 국수가 되었는데, 이렇게 발달한 중국의 국수는 실크로드를 타고 유럽과 동아시아, 동남아시아로 전파되면서 그 지역의 기후에 맞게 현지화되었습니다. 그래서 실크로드를 '누들로드'라고도 부릅니다.

탕 문화가 발달하지 않은 이탈리아에서는 국수가 올리브기름을 사용한 파스타로, 베트남과 태국 같은 벼농사 문화권에서는 기후적으로 밀이 생산되기 어렵기 때문에 쌀국수로 만들어졌습니다. 반면 일 년 내내 고온 다습한 열대 기후의 특성을 보이는 동남아시아에서는 부패를 막기 위해 음식을 기름에 볶거나 튀기는 문화가 발달했는데, 인도네시아의 미고렝 같은 국수가 그 대표적인 예입니다. 이렇듯 국수는 그 지역의 기후에 따라서 다양한 형태의 음식으로 재탄생하였습니다.

파스타

쌀국수

미고렝

국수로 대표되는 면 요리는 시간과 공간을 넘어 전 세계의 식탁에 자주 오르는 음식입니다. 특히 국수가 세계적으로 인기가 많은 이유는 그 지역의 기후에 맞는 주변의 재료들을 국수에 넣어서 현지화하면서 그들의 입맛을 사로잡았다는 점입니다. 또한 국수는 주문하고 식사를 하기까지 채 10분이 안 될 만큼 빠른 패스트푸드라는 점도 인기의 비결입니다.

2500년 전 자신들이 손으로 빚어 만든 이 거친 음식이 이토록 오랫동안 이어질 수 있고, 또 세계인의 식탁을 점령하게 될 것인지를 과거의 사람들은 과연 상상이나 했었을까요?

중국의 쓰촨 요리가 매운 이유는?

전 세계적으로 매운맛 하면, 우리나라에도 잘 알려진 중국의 쓰촨 요리를 빼놓을 수 없습니다. 뜨끈뜨끈하고 매콤한 맛이 일품인 마파두부부터, 샤브샤브처럼 큰 양푼에 담긴 육수에 여러 가지 야채를 넣고 끓여 각종 육류와 해산물을 데친 뒤 양념장에 찍어 먹는 훠궈火鍋, 각종 향신료를 넣어 혀가 얼얼할 만큼 매운맛을 내는 마라탕麻辣湯이 대표적이지요.

베이징·광둥·상하이 요리와 함께 중국 4대 요리 가운데 하나로 손꼽히는 쓰촨 요리가 이처럼 매운 것은 산초나무나 매운 마늘과 고추 등의 향신료를 많이 넣어 향이 강하고 맵기 때문입니다. 그렇다면 쓰촨 지방의 음식이 유독 매운 이유는 뭘까요?

중국은 영토가 넓기 때문에 지역에 따라 기후의 차이가 현저합니다. 지역마다 산출되는 식재료도 다르기 때문에 요리 또한 다양한 특징을 지니지요. 그렇다면 쓰촨 지방이 어떤 특징을 지녔기에 매운맛에 영향을 준 것일까

훠궈

마라탕(출처: 위키피디아)

마파두부

쓰촨을 대표하는 3대 매운 음식

마라탕은 혀가 얼얼하게 마비되는 듯한 느낌이 들 정도로 매운맛이 나는 화자오(화초花椒 또는 산초山椒라고 부르는 쓰촨 페퍼Sichuan pepper)라는 향신료를 이용하여 만든 음식으로 청경채, 납작당면, 옥수수면, 숙주, 건두부 등을 넣어 익혀 먹습니다. 중국에서 가장 인기가 있는 외식 메뉴인 훠궈는 쇠고기나 양고기를 국물에 담가 익혀 먹는 요리로, 중국이 몽골제국의 지배를 받을 당시 몽골식 샤브샤브가 전해진 중국식 샤브샤브라 할 수 있습니다. 마파두부는 두부를 주재료로 고기와 야채, 향신료 등을 넣어 만든 음식입니다. 중일전쟁 당시 쓰촨의 성도省都를 충칭시로 옮기자 국민당 정부가 들어서고 피난민이 몰려들면서 알려졌다가 국민당 정부가 난징으로 돌아가 중국 전역으로 퍼져 나갔습니다. 이후 공국내전에서 공산당에 의해 국민당이 패망한 후 요리하던 사람들이 해외로 탈출하면서 전 세계로 전파되었습니다.

쓰촨성 서부 고원 풍경

음식에 영향을 준 쓰촨 지방의 위치

쓰촨 지방이 매운 음식으로 유명하게 된 것은 이곳의 기후와 밀접한 관련이 있습니다. 쓰촨 지방은 중국 내륙 분지 지형에 속하며, 아열대 계절풍의 영향으로 연중 안개가 많아 일조량이 적은 습한 기후를 띱니다. 해를 보기가 쉽지 않아 개가 갑자기 떠오른 해를 보고 놀라 짖는다는 '촉견폐일蜀犬吠日'이라는 고사성어까지 생겨났다고 합니다. 특히 여름철 무더위와 습한 날씨를 이겨 내고자 매운 음식을 먹고 땀을 흘리는 방식으로 건강을 유지하고자 한 데서 매운 음식이 생겨났다고 합니다.

미식 여행지 일번지, 쓰촨성 청두

쓰촨성의 성도인 청두는 매운 음식 덕분에 미식의 도시로 유명세를 타면서 많은 관광객이 찾는, 중국에서 가장 행복한 도시로 14년 연속 1위를 차지하고 있습니다. 한편, 청두는 대나무가 서식하기 알맞은 따뜻한 기후 조건을 갖추어 자이언트 판다와 레서 판다의 서식지이기도 합니다.

요?

쓰촨四川은 『삼국지』의 유비가 활약하던 촉蜀나라가 있던 곳으로, 이름 그대로 이 지역을 흐르는 창장강長江, 민장강岷江, 퉈장강沱江, 자링강嘉陵江 등 네 개의 강에서 비롯된 곳입니다. 산이 높고 거센 물결이 굽이치는 계곡이 깊은 고원지대의 지형을 이루지요. 안사安史의 난 이후 장년기를 쓰촨에서 보냈던 당대 시인 이백李白은 쓰촨으로 유배를 가면서 그 지역의 험준한 지형을 이렇게 표현했습니다. "촉 가는 길은 험하고, (그곳에서) 파란 하늘을 보기란 힘들다.蜀道之難, 難于上青天." 이 시구를 보면 쓰촨 지역의 지형이 매우 험준하다는 것을 알 수 있습니다.

내륙 분지라는 지형적 특성과 더불어, 아열대 계절풍의 영향으로 연중 습한 기운이 많아 안개가 많이 끼기 때문에 햇빛이 잘 들지 않고 후덥지근한 기후가 지속됩니다. 따라서 건조하고 메마른 대륙성 기후를 보이는 중국 여타 지역과 확연한 차이가 나타나지요. 얼마나 해가 보이는 날이 드물면 '촉견폐일蜀犬吠日(쓰촨의 개가 어느 날 갑자기 떠오른 해를 보고 놀라 짖음)'이라는 고사성어까지 생겼을까요?

쓰촨 지방의 음식이 매운 것은 바로 사시사철 흐린 날씨와 여름에는 40℃에 가까운 무더위, 끈적이는 습한 기후에 영향을 받았다고 볼 수 있습니다. 쓰촨 지방의 사람들은 이러한 기후를 이겨 내기 위한 방법으로 매운 음식을 먹고 땀을 흠뻑 흘리는 방식으로 건강을 유지했던 것이지요. 이열치열以熱治熱의 원리가 적용되었음을 알 수 있습니다.

인도 요리나 태국 요리에도 매운맛이 많은 것을 보면 모두 고온다습한 기후가 음식에 영향을 미쳤음을 알 수 있습니다.

한편, 쓰촨성이 위치한 청두는 6,000가지에 달하는 쓰촨 요리의 발상지로서 세계적으로 그 명성을 인정받아 2010년 유네스코 음식창의도시로 선정됐습니다. 청두시의 음식 산업은 지역 경제 발전의 핵심축으로 효자 노릇을 하고 있지요. 참고로 우리나라는 한국의 멋을 대표하는 맛의 고장인 전주가 2012년 국내 최초로 유네스코 음식창의도시로 승인을 받았습니다.

중국의 오리 음식, 베이징 카오야와 옌쉐이야

인류는 오랜 시간 전부터 육식을 해 왔습니다. 소, 돼지, 양뿐만 아니라 닭, 오리 등의 가금류家禽類 또한 전 세계 사람들에 의해 사랑받고 있는 음식 재료로 이용되고 있습니다. 오리 요리가 유명한 국가로는 중국과 프랑스를 꼽을 수 있습니다. 돼지고기를 좋아하는 사람들이 많은 중국이라고 알려졌지만, 오리고기 또한 그에 버금가는 수준으로 많은 사랑을 받고 있습니다. 중국에서는 일찍이 오리 요리가 발달해, 오리의 목, 혀, 간, 창자, 날개, 발, 머리, 선지 등 거의 모든 부위를 이용한 요리법이 존재할 정도라고 합니다. 서양에서는 프랑스의 오리 요리가 유명한데요. 오리고기를 오리 기름에 넣고 천천히 익힌 후 식혀 놓고, 먹을 때마다 가열해 먹는 콩피Confit, 오리의 간을 이용한 푸아그라Foie gras 등이 잘 알려져 있습니다.

기러기목 오리과에 해당하는 오리는 고니나 기러기 등을 제외한 몸집이 작은 소형 물새들을 지칭합니다. 전 세계적으로 약 140여 종이 분포하고 있고, 우리나라에는 30여 종이 분포한다고 알려져 있습니다. 북반구 고위도 지역에서 번식하는 야생 오리는 겨울에 월동을 위해 위도가 낮은 지역으로 이동하며 생활하는 철새입니다. 반면 우리나라나 열대 지역에 분포하는 종들은 해당 지역의 텃새로 한곳에 머물며 번식하기도 합니다.

우리나라는 고대 삼한 시대부터 마을의 입구에 솟대를 세웠습니다. 솟대의 꼭대기에는 새 모양의 장식을 달았는데, 주로 오리가 선택되었습니다. 하늘과 땅을 연결하는 신성한 오리를 통해 마을의 화재나 가뭄, 질병, 자연재해를 막아 달라는 염원을 신에게 전달하고자 했습니다. 이처럼 한민족의 기원인 북방 민족이 고대부터 오리를 신성한 존재로 인식한 데에는 오리가 하늘과 물 위, 땅을 모두 이동하며 겨울철에도 먼 거리를 이동하는 특성 때문인 것으로 추측됩니다. 우리나라뿐만 아니라 고대 이집트에서도 오리를 제물로 바쳤다는 벽화의 기록을 관찰할 수 있습니다.

기원전 1300년경 신에게 오리를 제물로 바치는 모습이 담긴 고대 이집트의 부조(조각품)

약 3~4천 년 전 이집트의 벽화 또는 조각에서는 오리를 제물로 바치거나 사냥하는 모습을 찾을 수 있습니다. 역사적으로 이집트 나일강가에는 많은 종류의 오리들이 서식하였으며, 이집트인들은 오래전부터 오리를 사육하였을 것으로 추측됩니다(출처: Egypt Museum).

우리나라 솟대

솟대는 고대 삼한 시대의 소도에서 비롯되었습니다. 소도는 신을 모시던 장소를 뜻하는 용어입니다. 솟대는 마을의 나쁜 기운을 막거나 풍년을 기원하는 의미와 풍수지리상 부족한 기운을 보충하기 위한 의미, 과거급제 등의 경사를 알리는 의미 등 다양하게 사용되었습니다.

그렇다면 식재료로 오리는 어떻게 사용될까요? 세계에서 오리를 가장 많이 기르고, 오리고기를 많이 생산하는 국가는 중국입니다. 중국은 큰 영토와 다양한 자연환경을 반영해 지역별로 서로 다른 오리고기 조리법이 존재합니다. 중국의 대표적인 오리 요리는 크게 두 가지로 나눠 볼 수 있습니다. 한국에서도 잘 알려진 베이징 카오야北京烤鴨와 난징의 오리 요리 옌쉐이야鹽水鴨입니다. 중국의 북부 지역과 중남부 지역의 상징과도 같은 두 도시의 거리만큼이나 대표적인 오리 요리도 큰 차이가 나타납니다.

우리나라에서 북경 오리라는 이름으로 잘 알려진 베이징 카오야는 미식가였던 청나라 건륭제가 1761년 3월 5~17일까지 13일 동안 8번이나 먹었다는 기록이 있을 정도로 황실의 사랑을 받던 음식이었습니다. 베이징 카오야는 사실 난징 카오야로 불리던 요리였습니다. 명나라가 세워지고 수도가 베이징이 되면서 요리사들이 베이징으로 옮겨 갔고 이때부터 베이징 카오야라고 불리게 된 것입니다. 베이징 카오야는 내장을 제거한 구이용 오리를 씻어 끓는 물에 잠깐 데칩니다. 다음으로 물기를 닦은 오리의 껍질과 살 사이에 공기층을 만들어 바싹 말리기 위해 공기를 불어 넣어 부풀리는 과정을 거칩니다. 이후 파와 생강, 셀러리, 참기름, 회향 씨 등을 오리 안에 넣은 다음, 꿀과 밀가루 혼합물을 꾸준히 발라 주면서 3시간 정도 지난 후에 오븐에 구워 냅니다. 구워 내는 동안에도 오리의 육즙과 참기름을 계속 끼얹어 줍니다. 이렇게 구운 오리는 밀전병이나 야채와 함께 소스에 찍어 먹습니다. 조리과정이 복잡한 만큼 중국의 관리나 상류층들이 즐겨 먹던 전통 고급 요리로 인식됩니다. 베이징 카오야는 껍질이 바삭바삭하고 고기가 부드러우며, 윤기가 흐르고 맛이 향기로워 많은 사람이 찾고 있다고 합니다.

반면, 베이징보다 무더운 난징에서는 오리를 소금에 절인 조리 방식이 발달합니다. 난징은 중국의 삼국지에서 오나라의 수도였던 도시로, 오리 요리가 특히 발달한 지역으로 알려져 있습니다. 베이징에 비해 위도가 낮으며, 쾨펜의 기후 구분상*으로 온난 습윤 기후에 해당하며 여름철 기온이 매우 높은 편입니다. 오죽하면 중국인들은 난징의 한여름의 땡볕이 화로와 같이 뜨겁다고 하여 충칭·우한과 함께 중국의 3대 화로火爐 도시로 이름 붙였다

---

* 쾨펜의 기후 구분이란 독일 기상학자 쾨펜Köppen이 고안한 기후 분류 방법으로, 식생의 분포가 기후 조건을 가장 잘 반영한다고 가정하여 기온과 강수량, 강수의 계절성이라는 기후요소를 통해 기후를 경험적으로 분류한 것을 말합니다.

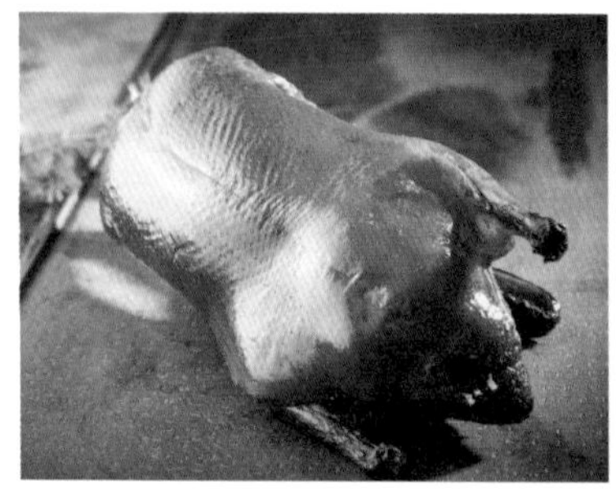
카오야

옌쉐이야

고 합니다.

고온다습한 기후 속에서 오리고기의 부패를 막고 염분을 보충하고자 소금을 활용한 색다른 조리법이 필요했습니다. 난징의 오리 요리는 소금물에 절이거나, 탕으로 조리하는 방식으로 발달했습니다. 먼저, 옌쉐이야鹽水鴨는 오리를 소금물에 절인 다음 향신료와 함께 쪄 낸 하얀 오리고기입니다. 옌쉐이야는 노란빛이 나면서 표면에 기름기가 찰찰 흐르는 모습입니다. 맛은 담백하게 느끼하지 않고 식감이 연하면서 향신료의 향긋한 향과 함께 즐길 수 있는 요리입니다. 옌쉐이야는 난징 오리 요리라고도 불리면서 많은 사람의 사랑을 받고 있다고 합니다. 오리고기 선지탕인 야쉐펀쓰탕(오리선지탕)鴨血粉丝汤은 서민들이 즐겨 먹던 요리로 오리 선지, 오리 간과 내장을 끓여낸 육수와 당면을 함께 먹는 음식입니다. 우리나라의 빨간 선짓국과 대비된 맑은 육수가 특징으로 담백하고 구수한 맛이 일품이어서, 현지에는 옌쉐이야와 야쉐펀쓰탕을 전문적으로 요리하는 프랜차이즈 업체들도 있을 정도라고 합니다.

우리나라에서의 오리

오리농법

우리나라에서 오래전부터 오리고기를 먹었다는 기록은 찾기가 어려운데, 그 이유는 '논농사를 주로 하던 농경 문화와 연관되어 있지 않을까'라는 추측이 있습니다. 물로 가득한 논에 오리를 풀어놓고 기르게 되면 오리가 헤엄쳐 다니며 해충을 잡아먹기도 하고 잡초를 제거해 주기도 했습니다. 또 오리의 배설물은 천연비료가 되어 논에 영양분을 제공해 주기도 했습니다. 현재도 '오리농법'이라는 이름으로 오리를 활용한 농사법이 활발하게 연구되고 있으며, 오리농법을 활용해 생산된 쌀은 '오리쌀'이라는 독특한 이름으로 소비자들의 사랑을 받고 있습니다. 오리는 농약과 비료가 부족하던 과거에 농사에 큰 도움을 주었습니다. 쟁기질을 돕던 소와 비슷한 역할을 했기 때문에 식용으로 이용하기가 꺼려졌을 것이라고 추측됩니다.

하늘과 땅의 기운, 그리고 장인정신이 결합된 와인

프랑스 부르고뉴 지역은 와인 생산지로 유명합니다. 이곳의 와인이 명품으로 명성을 누리는 것은 다름 아닌 이 지역의 자연환경과 와인에 진심인 사람(와인 메이커)들 때문입니다. 이 지역 사람들은 와인이라면 '하늘과 땅 그리고 사람' 이 세 가지 조건이 완벽하게 이루어져야 한다고 말합니다. 즉 와인이 만들어지기 위해서는 기후와 지형의 자연환경, 그리고 그것을 만드는 사람의 진솔한 장인정신이 필요한 것입니다.

와인은 포도를 이용한 발효기술로 만들어집니다. 와인에 새겨진 라벨을 보면 생산연도가 크게 써 있는데, 이것을 빈티지vintage라고 합니다. 이것은 생산연도가 와인의 품질에 크게 영향을 준다는 것을 의미합니다. 여기서 주의해야 할 점은 생산연도가 와인의 생산연도가 아니라 와인 원료인 포도의 생산연도를 말한다는 점입니다. 일반적으로 생산된 포도는 오크통에서 1~2년 숙성 과정을 거치기 때문에 라벨에 붙어 있는 빈티지는 1~2년 전 수

라스코 동굴벽화

라스코 동굴벽화는 프랑스 남서부의 도르도뉴 지역에 위치한 라스코 동굴에서 발견된 구석기 시대의 벽화입니다. 이 동굴벽화는 약 17,000년 전에 그려진 것으로 추정되며, 인류의 초기 예술 활동을 보여 주는 중요한 유적 중 하나로 여겨집니다(출처: 위키피디아).

확한 포도로 만든 와인이라는 것을 의미합니다. 양질의 포도가 생산되기 위해서는 기온, 일조량, 강수량 등의 조건이 잘 맞아야 하며, 각 조건들이 해마다 다르기 때문에 와인의 품질에도 크게 영향을 미칩니다.

인류가 포도를 먹기 시작한 것은 꽤 오래전부터입니다. 와인도 마찬가지고요. 피카소도 놀라게 한 역동적인 황소가 그려진 프랑스의 라스코 동굴벽화에 포도가 그려져 있는데, 이를 통해 인간은 3만~4만 년 전부터 포도를 먹었다고 추정하고 있습니다. 이 라스코 동굴벽화에서 멀지 않은 곳에는 지금도 선사시대 그들이 먹었던 포도를 재배하고 있다고 합니다.

포도는 일반적으로 기온이 연평균 11~16℃인 지역에서 잘 재배됩니다. 겨울 기온이 영하로 떨어지면 수확량이 줄어들고, 심한 경우에는 얼어 죽어 포도나무를 베어 버려야 할 정도로 기온에 예민한 작물입니다. 그리고 강수량이 너무 많을 경우 뿌리가 썩거나 포도 열매가 상할 수 있고, 너무 적을 경우는 식물생장이 어려울 수 있기 때문에 연강수량이 500~600mm 정도가 가장 적합합니다. 이러한 조건을 고려하면 지중해성 기후 지역이 포도 재배에 가장 적합한 지역이며, 실제로 지중해성 기후 지역에서 포도를 많이 재배하고 있습니다.

지중해성 기후는 온대 기후의 한 유형으로, 최한월(북반구 1월) 평균기온이 영하 3℃ 이상이며 기압대의 남북 이동으로 인해 여름에 건조한 기후가 나타납니다. 이러한 건조한 기후는 포도의 생육에 중요한 영향을 끼치고 있으며 건조하기 때문에 일조량 또한 풍부합니다.

빈센트 반 고흐의 〈아를의 붉은 포도밭Red Vineyards〉

일조량은 포도의 성장과 당도를 높이는 데 결정적인 역할을 합니다. 지역에 따라 일조량이 부족할 경우 이를 보완하기 위해 포도를 남쪽 방향의 경사면에 심는다고 합니다. 경사가 10°일 때 당도가 평지보다 18% 증가하고 30°가 되면 50%가 증가한다고 합니다. 한편 고위도 지역의 포도밭, 즉 라인강 주변의 포도밭은 하천을 끼고 있는 경사지에 있는 경우가 많은데, 이는 하천에 반사된 태양 빛을 활용하기 위한 것입니다. 프랑스 알자스 지방 역시 고위도에 위치하여 포도재배에 적합하진 않지만, 배후산지를 타고 넘어오는 바람이 푄현상에 의해 고온건조해지면서 이 지역의 기온을 상승시켜 포도재배에 적합한 기온까지 끌어올려 준다고 합니다.

한편, 기후와 지형의 자연환경이 포도 생산에 가장 적합한 조건을 갖추었다 하더라도 누가 와인을 만드느냐는 매우 중요한 문제입니다. 그 포도밭을 가꾸고, 그 포도를 이용하여 와인을 만드는 사람의 장인정신은 와인의 가치에 가장 결정적인 영향을 미치는 요소입니다. 즉 와인은 와인을 만드는 사람의 철학이 담겨져 있다고 할 수 있습니다. 와인을 주제로 한 어느 영화에서 와인 메이커는 "와인을 만들려면 시인이 되어야 한다"라고 말했습니다. 시인이 시를 쓸 때 단어 하나, 쉼표 하나에 의미를 담고, 마음이 전달되도록 쓰는 것처럼 와인 메이커들은 그들의 전통과 노력, 혁신을 와인에 담아냅니다. 즉 와인의 맛을 이해하려면 와인이 만들어진 과정, 그리고 와인을 만드는 사람을 먼저 이해해야 합니다.

정리하면 와인의 가치는 포도 생산에 좋은 일조량이 풍부한 건조한 기후환경과 지형 환경, 그리고 포도밭을 가꾸고 포도를 이용하여 와인을 만드는 사람들의 장인정신이 결합되어 결정된다고 할 수 있겠습니다.

알프스의 추운 겨울을 나기 위한 음식, 퐁뒤

아름다운 설경이 생각나는 스위스는 빼어난 자연경관으로 유명합니다. 아름다운 자연뿐만 아니라 다양한 문화와 언어가 있는 곳으로도 유명합니다. 스위스는 영토가 맞닿아 있는 독일·프랑스·이탈리아의 문화가 섞여 있으며 독일어, 프랑스어, 이탈리아어, 로망슈어 등 4개 언어를 공용어로 사용합니다.

스위스는 2023년 기준 1인당 GDP가 95,000달러 수준으로 굉장히 부유한 국가이지만 과거에는 여러 강대국에 둘러싸여 있었던 작고 힘없는 산악 국가였습니다. 알프스산지에 위치한 국토 특성상 경작할 농지는 늘 부족했고 주민들은 배고픔에 시달려야 했습니다. 이런 이유로 가족들을 부양하기 위해 주변 강대국들과 계약을 맺고 전쟁에 용병으로 참전하기도 했습니다. 전쟁에서 끝까지 신용을 지킨 이들의 일화가 퍼져 지금도 바티칸의 교황청은 스위스 용병이 지키고 있습니다.

바티칸을 지키는 스위스 근위대의 모습

스위스는 인접국인 독일·프랑스·이탈리아의 영향을 받아 지역별로 다양한 향토 요리가 발달했습니다. 그 가운데 우리나라에 잘 알려진 대표적인 음식은 퐁뒤입니다. 우리나라에서는 매우 우아하고 고급스러운 음식으로 인식되고 있는 퐁뒤는 사실 추운 겨울을 이겨 내 보고자 만들어진 음식이었습니다.

국토 중 대부분이 산지山地인 스위스는 오래전부터 밭농사와 낙농업이 발달했습니다. 특히 알프스산지에서는 전통적으로 지중해성 기후의 영향을 받아 여름철에는 서늘한 산지로, 겨울철에는 온화한 산 아래로 가축을 이동시키며 사육하는 목축 형태인 이목移牧이 발달했습니다. 또한 독일·프랑스·오스트리아·이탈리아 등 주변 지역들의 영향을 받아 주로 치즈, 소시

기후에 따라 수직적으로 가축의 사육지를 이동하는 이목이 발달한 알프스
이목은 지중해성 기후가 나타나는 유럽 남부의 목축 방식입니다. 지중해성 기후의 여름은 매우 건조하기 때문에, 저지대에서는 목초가 잘 자라기 어렵기 때문에, 서늘한 고지대로 가축을 이동시켜 사육하는 방식이 발달하게 되었습니다.

지, 감자, 파이 등을 이용해 음식을 만들어 먹었습니다. 유제품을 이용하거나 햄(소시지)을 이용하지만 소박하고 간결한 음식이 전통적인 스위스 요리의 모습이었습니다.

퐁뒤는 스위스의 알프스 산지 서부, 프랑스어권 지역인 뉴사텔Neuch tel 지역에서 탄생합니다. 낮은 기온과 폭설로 인해 온통 눈으로 뒤덮인 알프스 산지에서는 주민들의 이동을 불편하게 만들었습니다. 추운 기후로 인해 곡물이나 채소 등을 재배하기도 어려웠습니다. 이 지역 주민들은 집 안에 있는 재료를 이용해 끼니를 해결해야 했는데, 긴 시간 보관으로 딱딱해진 치

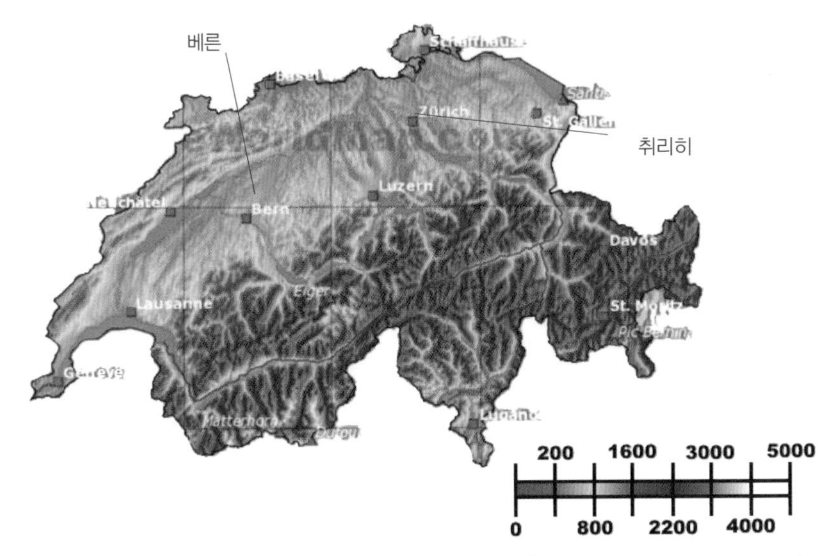

스위스 지형(출처: https://ontheworldmap.com/switzerland/switzerland-physical-map.html)
스위스는 높은 산으로 둘러싸인 산악국가로 알려져 있습니다. 스위스에는 해발고도 4,000m 이상의 산이 45개나 있습니다. 남부의 알프스산맥과 중부 지역의 스위스고원, 남서 방향의 쥐라산맥으로 구성되어 있습니다.

즈와 빵, 와인, 레몬주스 등이 전부였습니다. 딱딱해진 치즈와 빵을 좀 더 부드럽게 먹어 보려고 치즈에 와인을 붓고 열을 가해 치즈를 녹인 뒤 빵에 찍어 먹던 것이 퐁뒤의 시초였습니다. 퐁뒤fondue라는 말도 '녹이다'라는 뜻의 프랑스어 'fondre'에서 유래했습니다.

혹독한 자연환경을 이겨 내기 위해 만들어졌던 퐁뒤는 스위스의 전통 요리로 자리 잡게 됩니다. 퐁뒤가 스위스를 대표하는 국민 음식으로 자리 잡게 된 데에는 제2차 세계대전과 스위스 치즈 생산자들의 모임인 '스위스 치즈 연맹'의 영향도 컸습니다. 영세 중립국인 스위스에서는 나치 독일의 침략 위협에 대응하기 위해 국민들의 단결된 힘이 필요했습니다. 1930년대부터 스위스에 퍼져 있던 자위 정신Spiritual Defense은 나치와 파시즘에 맞서 스위스를 지키자는 정치 운동이었는데, 스위스 치즈 연맹에서 자위 운동의 일환으로 '퐁뒤 레시피'를 전파했던 것입니다. 퐁뒤는 실제로 스위스 군대에서 공급되어 스위스의 단결을 상징하는 음식으로 자리 잡게 됩니다. 2차 대전이 끝난 직후에도 퐁뒤는 스위스 전역으로 보급되어 갔으며, 현재 여러 가지 유형으로 발전하였습니다.

퐁뒤의 기원과 가장 밀접한 치즈 퐁뒤는 와인과 함께 치즈를 익혀 녹인 다음 빵이나 감자, 햄 등을 넣었다 먹는 음식입니다. 치즈 퐁뒤는 스위스에서 생산되는 다양한 치즈로 만들게 됩니다. 스위스에서는 주로 에멘탈치즈와 그뤼에르치즈 등이 사용됩니다. 이러한 치즈는 무살균 우유를 사용해 가열 압착하고 숙성시켜서 크기가 크고 딱딱합니다. 역사가 오래된 치즈 중 하나입니다. 이 외에도 스위스에서 생산되는 치즈는 150여 가지가 넘고 지역마다 치즈 퐁뒤의 맛도 달라, 타국의 치즈와 다른 독특한 맛을 자랑합니다.

우리나라에서는 모차렐라치즈 혹은 체더치즈를 접하기 쉬운데, 이들 치즈는 에멘탈치즈와 그뤼에르치즈 같은 전통 방식의 치즈와 달리 숙성과정

퐁듀와 퐁뒤

불에 녹여 낸 치즈에 빵이나 야채 등을 찍어 먹는 음식을 흔히 퐁듀라고 하지만, 'due'가 영국 영어 발음이나 일본어 표기에 영향을 받아 퐁듀라고 부르게 된 것으로, 원어인 프랑스어의 외래어 표기법에 따르면 퐁뒤fondue로 부르는 것이 올바른 표현입니다.

이 없고 가공 과정을 거친 것들이 많아서 스위스의 치즈들과는 맛과 향의 차이가 큽니다. 그래서 우리나라 사람들이 스위스를 여행할 때 값비싼 퐁뒤를 시켜서도 생각했던 맛과 달라 먹지 못하는 경우도 생긴다고 합니다.

치즈 퐁뒤의 경우 식으면 굳기 때문에 약한 불에 데우며 먹게 되는데, 치즈를 다 먹고 나면 냄비 바닥에 마치 우리나라의 누룽지처럼 얇게 눌어붙은 부분이 생깁니다. 이 부분은 가장 맛있는 부분이라고 해서 퐁뒤를 먹는 과정에서 한 번도 음식을 냄비에 떨어뜨리지 않은 사람에게만 주는 등 일종의 게임을 하기도 합니다.

퐁뒤 부르기뇽Fondue bourguignonne은 오일을 이용한 퐁뒤입니다. 오일 퐁뒤Oil Fondue라고도 부릅니다. 오일 퐁뒤는 뜨거운 기름에 고기와 해산물, 야채를 튀겨 소스에 찍어 먹는 음식입니다. 치즈 퐁뒤를 먹는 방식과 비슷하게 적당량만큼만 오일에 튀겨 먹는 것이 특징으로, 치즈 퐁뒤가 입에 맞지 않는 한국인 여행객들에게 치즈 퐁뒤의 대안으로 퐁뒤를 즐길 수 있는 방식으로 추천되고 있습니다.

이 밖에도 1인당 초콜릿 소비량이 유럽 내 1위를 차지하는 스위스의 명성답게 다크 초콜릿이나 화이트초콜릿을 우유와 생크림과 함께 녹여 디저트처럼 즐기는 퐁뒤 쇼콜라(초콜릿 퐁뒤)가 있으며, 중국식 퐁뒤로 훠궈火鍋, Hot Pot나 샤브샤브와 비슷한 방법으로 냄비에 육수를 끓여 다양한 해산물과 야채를 담갔다가 먹는 퐁뒤 시누아fondue chinoise도 있습니다.

사막의 나무, 대추야자

알라딘과 자스민, 지니 등 익숙한 등장인물들이 나오는 영화 〈알라딘〉은 중동 지역을 배경으로 하고 있습니다. 이 영화의 도입부에서 주인공 알라딘은 시장에서 훔친 목걸이를 팔아 식료품 자루를 구입합니다. 식료품 자루 안에 든 것은 다름 아닌 대추야자였습니다. 이렇게 미디어에서 쉽게 볼 수 있는 대추야자는 중동 지역에서 '사막의 빵', '사막의 소금'으로 불리며, 약 6000년이 넘는 시간 동안 해당 지역 사람들에게 주식으로 이용되고 있습니다. 축구팬이라면 모르는 사람이 없는 맨체스터 시티 FC의 구단주 만수르가 즐겨 먹는 간식으로도 유명합니다.

알라딘의 배경이 된 중동 지역은 사막 기후가 나타납니다. 사막을 뜻하는 영어 단어 'Desert'의 어원은 'desertum'이라는 라틴어로, '버려진 땅'이라는 뜻입니다. 극단적인 기후 중 하나로 쾨펜의 기후 구분에 따르면 연평균 강수량이 250mm 미만인 곳이 사막에 해당합니다. 강수량보다 증발량이 더 많고, 일사량이 매우 많으며, 일교차가 큰 기후적 특징에다가 물까지 부족하기 때문에 식물이 자라기 힘들어 인간이 거주하기에 불리한 기후로 꼽힙니다.

사막에서는 식생이 발달하기 매우 어렵습니다. 실제로 사막의 기후에 적응하도록 진화한 소수의 식물을 제외하고는 식생대가 거의 발달하지 못한 모습을 볼 수 있습니다. 이곳의 주민들은 일반적으로 곡식을 충분히 재배하

대수층 오아시스의 원리

오아시스의 대부분은 영구적인 샘 주변에 발달하는데, 이는 지표면 모래층 아래에 풍부한 지하수가 있다는 것을 의미합니다. 샘물의 공급원은 오아시스에서 가까운 고지나 때로는 수백 킬로미터 떨어진 고지에 있는 대수층입니다. 이곳에 있던 물이 단층선을 따라 흐르다가 물이 통과하기 어려운 치밀한 암질대가 엇비슷하게 놓이면 물길의 이동이 차단됩니다. 이때 발생한 압력 차에 의해 대수층으로부터 수맥이 끊어진 틈인 단층선을 따라 지하수가 솟아오르지요(아래 그림). 한편, 지하 수면보다 낮은 오목한 분지 지형이 형성되기도 하는데, 이때 대수층이 지표에 노출되기도 합니다. 대수층에 포화된 물은 낮은 저지대로 이동하여 자연스럽게 샘을 형성합니다(위 그림)(이우평, 2020).

기 힘듭니다. 하지만 강가나 오아시스가 분포하는 곳에서는 대추야자와 밀, 보리가 재배되기도 하며, 부족한 식량을 보충하기 위해 유목을 통해 사육한 낙타의 젖과 닭고기, 양고기, 낙타고기 등을 섭취합니다.

건조 기후에서 농사를 짓는 방법은 크게 두 가지로 구분됩니다. 먼저 물이 존재하는 우물, 즉 오아시스의 담수를 이용하는 오아시스 농업입니다. 오아시스는 대개 대수층(다량의 지하수를 포함하고 있는 암석 및 지층)의 지하수가 수원이 되어 형성되는데, 자연적인 샘도 있고 인공우물인 경우도 있습니다. 오아시스 지역의 주민들은 모래에 의한 피해를 막기 위해 야자수와 같은 크고 두꺼운 나무를 심고, 대추야자, 목화, 올리브, 밀, 보리, 옥수수 등을 재배합니다.

다음은 지하수나 외래하천*에서 물을 끌어와 농사를 짓는 관개농업입니다. 이때 끌어오는 물이 지표면에 노출될 경우, 증발로 손실되어 지하에 수로를 파서 관개하게 되는 경우가 많습니다. 페르시아지역에서는 이런 지하 관개수로를 카나트Qanat라고 하며 지역에 따라 카레즈Karez, 호가라Foggara 등으로 부르기도 합니다. 관개농업에서도 역시 밀과 보리, 대추야자 등의 작물을 길러 식량으로 이용합니다.

흔히 건조 기후 지역을 '무수목기후'라고 해서 나무가 자라지 못하는 기후 지역으로 설명하곤 합니다. 하지만 건조 기후에서도 일정한 조건을 충족한다면 나무의 생장이 가능한 사례를 찾을 수 있습니다. 북아메리카 소노란사

* 물줄기의 발원지가 다른 외부 지역에서 유래하는 하천으로, 건조 기후인 사막 지역을 흐르는 하천은 대부분 강수량이 풍부한 습윤 기후 지역에서 시작되는데 나일강, 티그리스강, 유프라테스강이 대표적입니다.

막의 아이언 우드, 사헬 지대의 아라비아고무나무, 그리고 아라비아지역의 대추야자나무가 그 사례입니다. 극단적인 사막기후에서 대추야자나무를 기를 수 있는 이유는 대추야자나무의 독특한 특성 때문입니다.

대추야자나무는 겨울철 평균 기온이 영하로 떨어지지 않고, 나무에 꽃이 필 때까지는 비를 맞지 않는 환경에서 잘 자랍니다. 사막은 비가 자주 내리지 않기 때문에 뿌리에 물만 공급될 수 있다면 이 조건을 쉽게 충족할 수 있게 됩니다. 실제로 사막 기후 지역인 유프라테스강과 티그리스강 주변에서는 아주 무성하게 자란 대추야자나무 군락을 관찰할 수 있습니다. 강과 오아시스가 아니라도 물이 분포하는 계곡과 저지대에서는 어김없이 대추야자나무가 널리 퍼진 모습을 쉽게 관찰할 수 있습니다.

대추야자는 우리가 흔히 알고 있는 대추와 생김새가 비슷해 붙여진 이름입니다. 우리나라에서 자주 볼 수 있는 대추는 중국이나 인도에서 유래했습니다. 대추나무는 유럽이나 아시아가 원산지로 갈매나무과에 속합니다. 열매를 그대로 먹기도 하며 건조해서 차를 우려내 마시거나 건조된 대추 열매를 먹기도 합니다.

우리나라 대추나무의 모습

대추야자나무의 모습

반면 중동 지역의 대추야자나무는 야자나무에 속합니다. 잎이 늘 푸르며 키가 큰 것이 특징으로 열매의 형태는 비슷하지만, 나무의 생김새나 열매의 당도 등에서 차이가 있습니다. 대추야자나무는 원산지가 이라크나 이집트 혹은 북아프리카 지역으로 추정되고 있습니다.

대추야자 열매는 크기와 모양이 매우 다양합니다. 일반적으로는 대추와 유사한 길쭉한 모양이 잘 알려져 있습니다. 건조할 경우 저장과 휴대가 쉬워 여행자나 선원들이 애용했고, 전쟁을 위한 전투식량 등으로 자주 사용되었습니다. 열매는 당도가 매우 높아서 설탕의 대용품으로 쓰이기도 합니다. 영양가가 높은, 건조된 대추야자는 열량 또한 높은 음식이기 때문에 두 알 정도로 허기를 달랠 수 있을 정도라고 합니다.

대추야자는 열매뿐만 아니라 나무에서 생산되는 모든 것들이 생활에서 활용되고 있습니다. 식물의 싹에 해당하는 순筍 부분은 채소와 비슷하게 조리해 먹을 수 있고, 줄기에서 나온 수액은 그대로 마시거나 와인으로 만들

대추야자와 관련된 지식과 기술, 전통과 관습

어 마실 수 있습니다. 나무는 그 자체로 목재나 연료로 쓰이며, 나뭇잎과 나무에서 나오는 오일은 가축의 사료나 비누와 같은 용도로 쓰인다고 합니다. 식량과 연료를 구하기 어려운 사막에서 대추야자나무는 인간의 생활을 가능하게 하는 존재였습니다. 현대에 이르러 대추야자는 활용도가 더욱 커져 우유와 아이스크림 같은 유제품이나 초콜릿과 과자 등으로 가공해 디저트로 소비하는 경우가 늘고 있다고 합니다.

이슬람교도와 아랍인들에게는 대추야자나무가 하나의 정체성으로도 여겨지고 있습니다. 이슬람 군대는 전쟁 시에도 대추야자나무는 파괴하지 말라는 명령을 받았을 정도라고 하며, 이슬람의 경전인 코란Koran, al-Quran에서도 이슬람교의 창시자인 선지자 무함마드의 식사로 대추야자가 등장합니다. 특히 라마단이라 불리는 이슬람 금식월 중 낮 동안의 금식을 끝내고

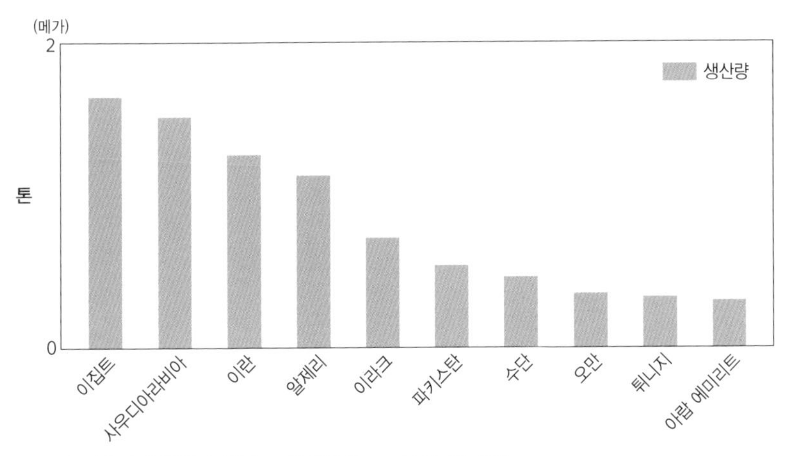

2020년 대추야자 생산량 상위 10개국(출처: UN식량농업기구)
대추야자는 라마단 금식을 끝내고 첫 식사 음식으로 할 만큼 이슬람교도들에게 중요한 음식입니다. 대추야자 생산국가들은 모두 사막을 끼고 있는 건조기후이며 이슬람교를 국교로 삼았습니다.

먹는 첫 음식(이프타르Iftar)으로도 대추야자가 등장합니다. 지역에 따라서는 가정에서 소유하고 있는 대추야자나무의 숫자로 부를 측정하기도 한다고 합니다.

2019년에는 유네스코UNESCO 세계무형문화유산에 '대추야자와 관련된 지식과 기술, 전통과 관습Date palm, knowledge, skills, traditions and practices'이 등재되었습니다. 대추야자를 재배하는 지식과 기술, 척박한 사막 환경에서 대추야자나무와 열매를 활용하는 방법에 대한 전통과 관습이 무형문화유산으로 가치를 인정받은 것입니다. 등재국에 해당하는 국가는 아랍에미리트, 바레인, 이집트, 이라크, 요르단, 쿠웨이트, 모리타니, 모로코, 오만, 팔레스타인, 사우디아라비아, 수단, 튀니지, 예멘 등입니다.

등재국 중 다수의 학교 교과 과정에서도 대추야자나무의 재배와 활용과 관련한 기술, 지식, 시, 노래 등을 포함하고 있습니다. 일례로 아랍에미리트의 알아인대학교에서는 대추야자 재배 연구소까지 운영하고 있다고 하니 대추야자나무에 대한 애정이 어느 정도인지 가늠해 볼 수 있겠습니다.

제2장

인물

우리가 즐겨 먹는 만두는 밀가루 반죽에 소를 채운 만두 형태의 음식으로 중국의 만터우, 인도의 사모사, 이탈리아의 라비올리, 라틴아메리카 국가들의 엠파나, 중앙아시아 유목민족 기원 국가들의 만트 등에서 알 수 있듯이 나라마다 다양합니다. 그렇다면 만두는 언제 누가 어떻게 해서 만들어진 걸까요? 만두饅頭는 이름에서 알 수 있듯이 머리頭와 관련이 있는데, 여기에는 소설『삼국지』에 등장하는 제갈공명의 지혜에서 유래했다고 하는 설이 있습니다. 한편 중국 상하이를 대표하는 가정식 음식 동파육은 송나라 소식과, 강원도 강릉을 대표하는 토속음식 초당 순두부는 허균과 관련이 있다고 합니다. 우리나라 최초의 지역 음식 칼럼니스트가 허균이라는 사실을 알고 계셨나요? 음식이 새롭게 만들어지고 작명되는 데 특정한 사람이 연관되어 있다니, 여기에는 어떤 이야기가 숨겨져 있을까요?

우리나라 최초의 지역 음식 칼럼니스트, 허균

惺所覆瓿稿卷之二十六 說部五

屠門大嚼

防風粥 余外家江陵土多產防風二月土人乘露曉摘其初芽余不見日精鑿搗米煮爲粥半熟投之候其沸移盛于冷瓷碗半溫而食之甘香滿口三日不衰眞俗間上品 [illegible]也

余流在遂山試作之不及江鄕遠甚

石茸餠 余遊楓岳宿表訓寺主僧設齋供有餠一器乃細搗粳米以篩篩之百遍然後調蜜水并雜石茸蒸之作餡籠其味甚佳雖瓊糕珍餠遠不逮焉

白散子 俗名薄散惟全州造之

『도문대작』

『홍길동전』의 작가 허균은 명문가에 태어나 어릴 적부터 다양한 음식을 먹었다고 합니다. 그리고 당대 명문가인 안동 김씨 집안 출신 처자와 혼인하여 여러 산해진미를 맛볼 수 있었으며, 벼슬길에 오른 뒤에는 귀한 음식 또한 접할 수 있었습니다. 그러나 과거 시험에서 조카와 사위를 합격시켰다는 부정 사건에 연루되어 1610년 전라북도 함열에서 유배 생활을 하게 됩니다. 이때 작성한 책이 『도문대작』입니다.

『도문대작屠門大嚼』은 '도살장 문을 바라보며 입을 크게 벌려 씹으면서 고기 먹고 싶은 생각을 달랜다'는 의미로, '지난날 먹었던 맛있는 음식을 종류별로 적어보면서 맛본 것으로 여기자'라는 허균의 생각이 담겨 있습니다. 막상 유배지에서 맛있는 음식을 먹지 못하니 먹었다는 흉내를 내 보고 싶었던 것이죠.

조선시대 '미슐랭 가이드'라고 할 수 있는 허균의 『도문대작』은 조선팔도의 지역별 지리적 특성이 담긴 특산품과 별미 음식을 소개하고 있습니다. 책에서 언급하는 음식의 종류가 134종이나 되는데 이것들을 지역별로 나눠 체계적으로 설명하였습니다. 『도문대작』 서문에서는 허균이 다양한 음식을 맛보았다는 기록을 찾아볼 수 있습니다.

> 아버지가 살아 계실 때 각 지방 토산품의 산해진미를 다 맛보았고, 피난 갔을 때 강릉 외가에서 기이한 음식도 맛보았으며, 과거에 급제하여 벼슬살이할 때는 각 도의 소산품을 다 먹었던 것, 귀양살이 때는 바닷가에서 거친 음식을 먹었던 것 등이 생각난다. 내가 죄를 짓고 바닷가로 유배되어 살게 되니 지난날 먹었던 음식이 생각난다. 그래서 종류별로 나열하여 기록해 놓고 가끔 읽어 보면서 맛본 것과 같이 여기기로 했다.
>
> -『도문대작』 서문 중

『도문대작』에 가장 먼저 등장하는 음식은 방풍죽입니다. 허균은 "외가가 있는 강릉에서 2월에 이슬을 맞고 처음 돋아난 방풍 싹을 곱게 찧은 쌀과 함께 죽을 끓이는데, 쌀이 반쯤 익었을 때 방풍 싹을 넣는다. 사기그릇에 담아 따뜻할 때 먹는데 달콤한 향기가 입에 가득해 3일 동안 가시지 않는다. 세속에서는 참으로 상품上品의 진미"라고 방풍죽을 표현했습니다.

방풍나물은 바닷가 모래사장과 바위틈에서 흔히 자생하며 바람과 풍병風病을 막아 주는 약용식물입니다. 맛있는 방풍은 기온이 차고 바람이 많이 부는 곳에서 자란다고 합니다. 강원도 영동 지방에 위치한 강릉은 비슷한 위도인 서해안 지역에 비해 비교적 여름철이 서늘하며, 겨울철에는 기온이 낮고 해풍이 강해 맛있는 방풍이 자라는 환경을 지니고 있습니다. 따라서 허균의 외가인 강릉 해안 지역에서 자란 갯방풍은 더욱 향이 좋았을 것으로 생각됩니다. 그러나 강릉에서 자생하는 갯방풍은 산업화로 해안 지역이 도로, 방파제, 각종 건축물로 개발되고, 약용으로 효험이 탁월하다는 사실이 알려지면서 무분별한 채취로 점차 사라지고 있습니다. 이에 강릉시에서는 2010년대부터 갯방풍에 대한 자생지 복원사업을 추진하고 있습니다.

허균은 전주의 명산물로 백산자白散子가 유명하다고 기록하였습니다. 산자는 찹쌀가루 반죽을 납작하게 말려 기름에 튀긴 다음 조청이나 꿀을 바르고 여러 가지 종류의 고물을 묻혀 내는 과자로 유과의 일종입니다. 주로 설

갯방풍

강릉방풍죽(출처: 농촌진흥원)

이나 추석 등 명절에 주고받는 선물이나 잔치, 제사 음식으로 씁니다. 그중 백산자는 쌀로 만든 백당(흰엿)을 산자에 묻혀 눈처럼 희고 소담한 모습으로 만든 것입니다.

산자

조선 후기의 문인 이하곤은 1722년 전라도 일대를 유람하는 길에 전주의 시장을 들렀던 기록을 남겼습니다. "12월 12일 박지수와 경기전慶基殿에 갔다. 민지수도 왔다. 회경루에 올라 시장을 바라보았다. 수만 명의 사람이 빽빽이 모인 것이 흡사 서울의 종로의 오시午市 같았다. 잡화가 산더미처럼 쌓였는데, 패랭이와 박산이 반을 차지했다. 박산은 기름으로 찹쌀을 볶아서 엿으로 버무려 만든다. 목판으로 눌러 종이처럼 얇게 펴서 네모로 약간 길쭉하게 자른 것이다. 네댓 조각을 겹쳐서 한 덩이로 만든다. 공사의 잔치와 제사상 접시에 괴어 올려 쓴다. 오직 전주 사람들이 잘 만든다."라고 적혀 있습니다. 『도문대작』에서는 "백산자를 흔히 부르는 이름은 박산인데, 전주 지방에서만 만든다"라고 하였고 "엿은 개성의 것이 상품上品이고, 전주 것이 그 다음이다"라고 기록되어 있습니다.

전라도 전주에서 이처럼 산자가 유명한 이유는 무엇일까요? 전라도는 한반도에서 벼농사를 위한 대규모 수리시설이 처음 만들어진 곳으로 『삼국사기』에는 330년 전북 김제의 벽골제가 축조됐다고 나옵니다. 또한 예로부터 기후가 온화하고 넓은 평야 지대를 형성하고 있어 우수한 품질의 곡물과 야채, 채소가 풍부하게 생산되는 곡창지대로 손꼽혔습니다. 이러한 배경을 바

벽골제

벽골제는 우리나라에서 가장 큰 고대 저수지로 농경사회에서 치수治水의 중요성을 보여 주는 시설입니다. 식량 생산을 위해 물을 다스리는 것은 고대 국가의 생존에 반드시 필요했을 것입니다. 오늘날에도 치수는 국가의 다양한 산업 발달과 재해예방에 필수적인 요소입니다(출처: 문화재청, 위키피디아).

탕으로 전라도 일대에서는 백당엿과 고구마엿 등이 생산되었다고 합니다. 이 중 전주는 조선시대 호남 지방의 중심도시 중 하나였기 때문에 엿의 재료인 쌀과 엿기름 등을 비롯한 각종 생산물이 모이는 지역이었습니다. 따라서 이를 이용해 백당과 백산자를 만들었던 것입니다.

허균은 『도문대작』을 통해 다양한 음식과 식재료에 대한 지리적 정보, 그리고 식습관까지 언급하면서 먹는 것이야말로 생명과 관련된 중요한 것임을 전하고 있습니다. 당시 사대부들이 먹는 것에 대해 이야기하는 것을 천하게 여겼다는 점에서 허균의 『도문대작』은 기존의 가치관을 넘어서는 자료임을 알 수 있습니다.

도루묵과 선조 임금

'도루묵'은 헛수고했을 때 탄식하며 쓰는 말입니다. 그냥 '도루묵'하는 것보다 '말짱 도루묵!'이라고 해야 느낌이 살아납니다. 사전을 검색해 보면 '아무 소득이 없는 헛된 일이나 헛수고를 속되게 이르는 말'이라고 설명합니다. 여기서 도루묵이 물고기 이름이라는 것은 알고 계셨나요? 겨울철 동해안에서 잡히는 대표 어종입니다.

11, 12월이 제철인 도루묵은 고소하고 담백한 맛이 특징입니다. 알을 배고 있는 암도루묵은 고춧가루와 마늘, 양파 등의 채소를 넣어 만든 얼큰한 찌개로, 숫도루묵은 굵은 소금을 뿌려 구운 구이나 조림으로 인기가 많죠. 이런 물고기가 어떻게 헛수고의 상징이 되었을까요? 그 이야기가 궁금해 검색해

도루묵구이

보면 어김없이 등장하는 인물이 조선의 선조 임금입니다.

선조와 관련된 도루묵 이야기는 이렇습니다. 임진왜란 때 선조는 한양을 버리고 의주까지 피난을 갑니다. 왜군이 부산에 상륙한 이후 17일 만이니, 선조의 피난 준비가 잘 되었을 리 없었겠죠. 이동 중 굶주리던 선조가 음식을 찾자 인근의 어부가 내놓은 음식이 '목어木魚'였습니다. 선조는 이렇게 맛있는 생선 이름으로 '목어'가 어울리지 않는다면서 '은어'로 고쳐 부르게 했다고 합니다. 시간이 흘러 서울로 환궁한 선조는 피난 때 맛있게 먹은 '은어' 생각이 나서 이를 수라상에 올리라 했습니다. 하지만 그 맛이 그 맛이 아니었겠죠. 피난길 굶주림에 먹었던 '목어'가 '은어'로 둔갑하는 마술은 일어나지 않았습니다. 결국 선조의 외면을 받은 '목어'는 '은어'에서 도로 '목어'로 불리게 되는데, 이야기하기 좋아하는 사람들의 입에 오르내리며 그렇게 '도루묵'이 되었다고 합니다.

재밌는 이야기지만 진실 여부를 따져 볼 필요가 있습니다. 우선 그 출처를 찾아보면 조선시대 정조 때의 문인인 이의보가 쓴 『고금석림古今釋林』에 그 유래가 나온다고 합니다. 하지만 정작 『고금석림』에서는 선조 임금은 언급되지 않는다고 하네요. 입맛 까다로운 고려 왕이 주인공이라고 하니 갑자기 왜 선조로 캐스팅이 바뀌게 된 것일까요. 짐작건대 임진왜란이라는 큰 전쟁과 그때 피난을 떠난 선조 임금의 이야기가 사람들의 머리에 강하게 각인되었기 때문이 아닐까요. 선조가 도루묵 이야기의 주인공이 아니라는 것은 몇 가지 사실로 쉽게 확인할 수 있습니다.

첫 번째는 도루묵이 겨울철에 잡히는 생선이란 것입니다. 11, 12월이 제철인 생선이지요. 평소 먼바다에 살다가 이 시기가 되면 알을 낳기 위해 연안으로 옵니다. 알이 오른 도루묵은 겨울철 별미로 인기가 많습니다. 반면 선조의 피난은 충주에서 신립 장군의 패배를 전해 듣고 4월 30일 급하게 서울을 떠나 평양으로 향합니다. 겨울 생선인 도루묵이 4, 5월 임금의 밥상에 오를 일은 없었겠죠.

두 번째는 도루묵의 산란지가 동해라는 것입니다. 앞에서 잠깐 언급한 것처럼 도루묵은 동해에서 잡히는 한류성 어종입니다. 여름에는 깊은 바다에 서식하다가 겨울철 산란기에 연안으로 몰려드니 지리적으로 선조의 피난 경로와는 너무 멀리 떨어져 있습니다. 지도에서 보는 것처럼 임진왜란 당시 선조의 피난 경로는 한성–개성–평양–영변–의주입니다. 냉장고가 없던 시

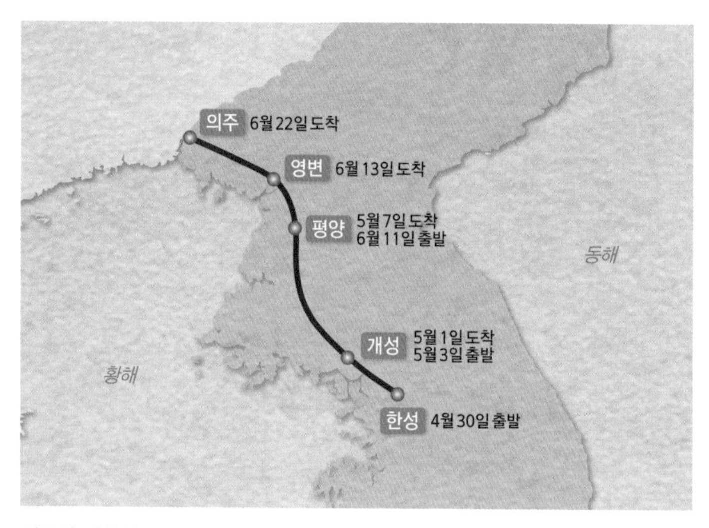

선조의 피난 경로

1592년 4월 13일(음력) 약 20만 명의 왜군은 부산을 시작으로 조선을 침공합니다. 10일 만에 경상도가 넘어가고, 개전한 지 20일 만에(5월 2일) 서울이 점령당합니다. 남쪽에서 밀어닥치는 왜군을 피해 선조는 의주까지 피난을 갑니다.

절에 물고기는 먼 지역까지 운반하기 어려운 음식 재료입니다. 조선시대에 동해안의 물고기가 개성·평양 지역까지 왔다는 것은 상상하기 어렵습니다.

세 번째는 『세종실록지리지』를 언급할 수 있겠습니다. 『세종실록지리지』는 『세종장헌대왕실록』에 실려 있는 전국 지리지(1454)입니다. 독도의 존재를 기록으로 남긴 책으로 유명하죠. 이 『세종실록지리지』에 지금의 도루묵을 '은어'로 표시한 기록이 나옵니다. 선조 임금이 태어나기 한참 전에 쓰인 책에서 이미 도루묵과 은어가 언급되었으니 이제 선조와 도루묵을 연결하는 일은 없어야 할 것 같습니다.

도루묵 이야기의 근원을 궁금해한 사람들이 많이 있나 봅니다. 도루묵의 설화를 고증한 논문(김양섭, 2016)이 있는데 여기서는 도루묵 이야기의 주인공을 이성계로 추정합니다. 근거로는 아들 이방원(태종)에게 왕위를 빼앗긴 이성계가 오랫동안 머문 함흥이 도루묵이 많이 나는 곳이며 예전부터 이 지역에서만 도루묵을 은어라고 불렀다고 합니다. 이후 오랜 시간이 지나며 함흥은 점점 중앙 정치에 소외되고, 그런 과정에서 '은어'가 도로 '목어'로 되돌려져 '도루묵'으로 불리게 되었다는 겁니다. 즉 도루묵과 관련된 이야기에서 그 시작점을 이성계로 보는 것이죠.

다양한 사료를 바탕으로 이 이야기의 근원을 거슬러 올라가는 역사학의 접근법은 꽤 흥미롭습니다. 도루묵이 선조와 관련 없는 이야기라는 것은 지리적 접근으로 쉽게 답을 찾을 수 있었죠. 지리와 역사는 우리가 세상을 이해하는 씨줄과 날줄이 되어 줍니다.

바닷물을 넣어 만든 두부

몽글몽글 부드러운 초당 순두부는 어떻게 탄생했을까요? 초당은 조선시대 중기 삼척부사를 지낸 허엽許曄(1517~1580)의 호입니다. 초당 허엽은 여류시인 허난설헌과 『홍길동전』 작가인 허균의 아버지로 중국의 시인 '두보'를 존경하여 두보가 살던 곳의 이름인 초당을 자신의 호로 정했다고 합니다. 초당은 초야에 묻혀서 지붕을 풀로 엮고 사는 청빈한 삶을 뜻하는 의

초당 순두부(출처: 한국관광공사 사진 갤러리-김지호)
한국전쟁 이후 남편을 잃은 여성들의 생계 수단이었던 초당 두부는 오늘날 강릉의 대표 음식이 되었습니다.

초당 허엽 영정 상상화(출처: 위키피디아)

미입니다. 실제로 허엽은 벼슬을 30년 간이나 지냈지만, 생활은 매우 검소하고 청렴했다고 합니다.

허엽이 강원도 강릉부사로 재직 중 관청 뜰에 있는 우물 맛이 좋다는 것을 알게 됩니다. 그리고 강원도의 척박한 땅과 해풍, 대관령의 바람을 이겨 낼 수 있는 작물인 콩을 재배하여 두부를 만들기 시작했습니다.

두부를 만들 때 끓인 콩물을 응고시키기 위해서는 간수(주성분이 염화마그네슘으로 두부 제조 시 응고제로 쓰인 물 액체)가 필요했지만, 강릉 동해는 천일염을 생산하기 어려워 간수를 구하기 힘들었습니다. 동해안은 해안선이 단조롭고 수심이 깊은 나머지 바닷물을 증발시켜 천일염을 만들기 위한 공간이 부족하기 때문이죠. 허엽이 오기 전에도 이 지역에서는 두부를 만들어 먹었지만 소금기가 없어 맛이 퍽 싱거웠다고 합니다. 이에 허엽은 깨끗하고 맑은 동해 바닷물을 천연의 간수로 사용하여 두부를 만들었습니다. 이렇게 부드럽고 고소한 초당 두부가 탄생했습니다.

그렇다면 초당 두부는 어떻게 강릉의 대표 음식이 되었을까요? 1950년 한국전쟁의 발발로 많은 남성 전사자가 발생하자 혼자 사는 여성들이 많아졌다고 합니다. 남편을 잃은 여인들은 생계를 위해 두부를 만들기 시작했고, 허엽의 호인 초당을 붙여 초당 두부로 판매했습니다. 1950년대만 하더

두부 만드는 과정
두부를 만들면서 콩을 갈아 헝겊 자루에 콩물을 거르고 난 뒤 남은 부산물을 비지라고 합니다.

라도 초당동의 150여 가구 중 50여 가구가 두부를 만들어 시장에 내다 팔았다고 합니다. 초당 두부가 전국적으로 알려진 것은 1975년 개통된 영동고속도로 덕분입니다. 교통의 발달로 강릉 방문이 수월해지면서 초당 두부가 강릉의 대표 음식이 된 것이지요.

오늘날 초당 두부를 만드는 과정을 살펴봅시다. 초당두부는 강원도에서 나는 콩인 '백태'를 주재료로 합니다. 먼저 콩 불리기부터 시작하는데, 좋은 콩을 선별해 깨끗한 물에 넣어 여름에는 6시간, 봄·가을에는 8시간, 겨울에는 12시간을 불리고 난 뒤에야 콩을 갈기 시작합니다. 이어서 콩을 가는데, 전통 방식으로 맷돌에 갈기도 하나 요즘엔 대부분 기계식 맷돌을 이용합니다. 이렇게 갈아진 콩을 헝겊 자루에 넣고 뜨거운 물을 부어 가며 콩을 거르는 과정을 여러 차례 반복합니다. 걸러진 콩물을 커다란 가마솥에 붓고 장작불로 끓이면서 바닷물을 넣는데, 불의 세기를 적절하게 조절하는 것과 바

초당 두부 마을(출처: 한국관광공사 사진갤러리-이범수)
초당두부는 간수가 아닌 바닷물로 두부를 만들어 부드럽고 깊은 맛을 낸다는 것이 특징입니다. 특히 바닷물에 있는 미네랄이 풍부해 콩 자체의 풍미도 한껏 살려 냅니다.

닷물을 잘 맞추는 것이 두부의 맛에 큰 영향을 미친다고 합니다. 바닷물을 넣고 계속 가열하면 콩물이 서서히 응고되면서 초初두부가 완성됩니다. 이 초두부가 순두부이며, 초두부를 네모난 틀에 넣고 뚜껑을 덮은 다음 물기를 서서히 빼내며 완성하는 것이 모두부입니다.

현재 강릉 경포호 남쪽 초당동에는 초당 두부마을이 있습니다. 초당동을 중심으로 형성된 두부마을은 과거부터 지역주민이 공동체 생활을 이어 왔던 장소로, 1990년대 이후 순두부와 이를 이용한 요리를 통해 상권이 발달하기 시작했습니다. 현재는 울창한 소나무 숲의 향긋한 솔내음과 부드러운 두부의 고소한 맛이 어우러진 초당 두부마을에는 두붓집 10여 곳이 자리 잡고 있으며, 해마다 많은 관광객이 방문하고 있습니다. 초당 순두부는 주로 양념간장이나 묵은지에 비벼 먹지만, 시대 흐름에 따라 다양한 조리법이 개발되었습니다. 입맛을 돋우는 짬뽕순두부, 얼큰순두부, 해물순두부 등의 매콤한 퓨전 음식부터 초당 두부탕수, 두부삼합, 두부샐러드 등의 새로운 요리가 관광객을 기다리고 있습니다.

미국에서도 두부 요리를 즐겨 먹을까?

주로 아시아 지역에서 요리해 먹는 두부가 최근 미국에서 육류를 대체할 식품으로 각광받고 있습니다. 식물성 식품을 선호하는 미국인들이 늘어나면서 미국 내 두부 소비량은 2018년 9,351만 달러에서 2021년 1억 3,600만 달러로 지난 4년간 150% 증가하였습니다. 국내 두부 제조 업체는 샐러드, 파스타, 꼬치 요리에 사용할 수 있는 단단한 두부를 선보이면서 현지화 전략으로 미국 소비자를 공략하고 있습니다. 이에 따라 미국에서도 구운 양념 두부, 훈제 두부, 두부 샌드위치, 크림 두부, 두부 케이크 등 두부를 활용한 다양한 요리법이 늘고 있습니다.

두부를 활용한 다양한 요리

동파육과 소동파

우리에게 친숙한 돼지고기 요리 중에 동파육이 있습니다. 중국 요릿집에서 맛볼 수 있는 고급 메뉴죠. 가게마다 약간씩 차이는 있겠지만 통삼겹살을 찌거나 삶은 다음 양념에 졸인 후, 데친 청경채와 함께 먹습니다. 조리에 시간이 오래 걸리고 손이 많이 가는 음식이라 가격도 만만찮습니다.

이 음식의 기원은 중국 송나라의 문인이자 정치가인 소식(1036~1101)으로 알려졌으며, 우리에겐 소동파로 더 잘 알려진 당송팔대가(중국 당·송나라 시대를 대표하는 8명의 산문작가로 한유, 유종원, 구양수, 소순, 소식, 소철, 증공, 왕안석이 있음) 중 한 사람이죠. 이 소동파가 즐겨 먹어 동파육으로 불리게 되었다는 설부터, 직접 개발해서 동파육이 되었다는 설까지 다양한 이야기가 있습니다. 이렇게

동파육

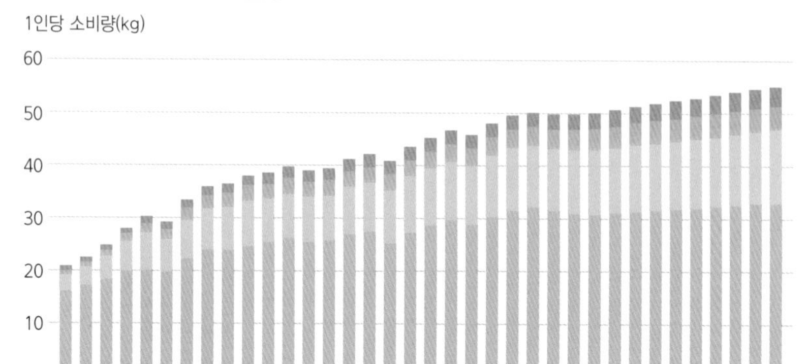

중국에서 많이 소비되는 육류 종류

중국의 경제 발전과 함께 육류 소비량도 꾸준히 증가하고 있습니다. 돼지고기 소비가 압도적이지만 닭·오리 등의 소비량 증가도 눈여겨볼 만합니다(출처: 财新数据).

기원을 거슬러 올라가면 지리적 맥락 속에 설명되는 돼지고기의 특성 그리고 그와 관련한 중국 주류 지배층 변화의 역사까지 살펴볼 수 있답니다.

중국의 돼지고기 사랑은 유별납니다. 중국에서 한 해 소비되는 돼지고기 양은 2018년 기준 4,255만 톤으로 1인당 30kg이 넘습니다. 전 세계 돼지고기 소비량의 50%에 해당하는 양입니다. 돼지고기를 얼마나 좋아하는지는 돼지고기를 부르는 호칭만 보고도 알 수 있습니다. 고기를 표기할 때 소고기는 우육牛肉, 양고기는 양육羊肉으로 표기하지만, 돼지고기는 그냥 '고기 육肉'자로 표기한다고 하니 중국에서 고기는 돼지고기라고 봐도 무방할 것 같습니다.

하지만 이런 돼지고기가 처음부터 중국의 대표 음식은 아니었습니다. 동파육의 원조 소동파도 황주 귀양살이 중 지은 '저육송'이란 시에서, "황주의 맛 좋은 돼지고기, 진흙만큼 값이 싸다. 부자들은 먹지 않고 가난한 사람은 먹을 줄 모른다."라고 할 정도로 당시 돼지고기는 인기 없는 식재료였습니다. 당시에는 양고기가 최고의 고기로 사람들에게 사랑받는 고기였답니다.

중국에서 돼지는 긴 역사를 가진 가축입니다. 집을 뜻하는 '가家'라는 한자가 지붕 아래 돼지를 키우는 모습에서 기원했다는 것을 보면 알 수 있죠. 실제로 농경민족인 한족이 주도권을 쥐던 한나라 때까지 돼지고기는 중국인들이 즐겨 먹는 음식이었다고 합니다. 돼지고기가 외면받게 된 배경에는 중국의 지배층 변화가 있습니다. 한나라 이후 중국은 오랫동안 북방 유목민족 출신 왕조의 지배를 받습니다. 남북조시대 북조의 여러 왕조부터 이를 통일한 수나라, 그리고 당나라까지 모두 북방계 유목민족 출신입니다.

유목민에게 돼지는 인기 없는 가축입니다. 먹을거리가 부족한 유목민들

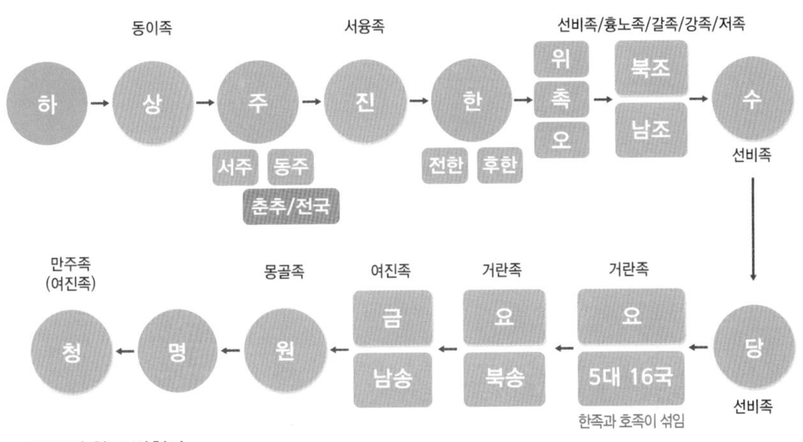

중국의 왕조 변천사

노란색은 농경민족인 한족의 왕조이고 파란색은 북방 유목민족 출신 왕조입니다. 한족이 거주하는 지역은 충분한 강수량이 확보되어 농업에 기반한 정주 문화가 발달했지만, 북방 유목민들이 거주하는 지역은 건조 기후 지역으로 농업보다는 가축에 의존한 문화가 발달했습니다.

에게 인간과 비슷한 먹이를 두고 경쟁하며 이동에도 적합하지 않은 돼지가 이쁨을 받긴 쉽지 않았겠죠. 유목이 중요한 경제 기반인 서남아시아 지역에서 돼지고기가 금기시되는 것도 이와 같은 맥락입니다. 유목민 출신의 북방계 왕조가 중국의 정치·문화를 주도하던 시기에는 조금 전 얘기한 것처럼 양고기가 가장 인기 있는 고기였답니다. 상서로울 '상祥', 아름다울 '미美', 착할 '선善' 등 한자 중에서 양이 들어가는 글자는 대부분 좋은 뜻이죠. 이것도 양고기를 최고로 치던 시절의 영향으로 볼 수 있습니다.

돼지고기가 다시 중국 식탁에서 사랑받게 된 것은 한족이 세운 명나라 때부터입니다. 명을 세운 홍무제 주원장은 지금의 중국 안후이성 평양현 출신으로 가난한 소작농의 막내아들이었습니다. 부모와 형제가 굶주림과 질병으로 죽는 것을 목격하고 어릴 때부터 탁발승으로 떠돌았던 그가 고급 요리인 양고기를 먹기는 쉽지 않았을 겁니다. 가난한 사람들의 고기인 돼지고기가 더 친숙했다는 것은 쉽게 추론이 가능합니다.

황제가 된 주원장의 수라상에 돼지고기 요리가 올라가는 것은 어쩌면 당연한 이야기겠지요. 서민의 고기가 하루아침에 황제의 밥상에 오르게 된 것입니다. 이후 명나라에서는 농민과 평민, 귀족과 부자 가릴 것 없이 돼지를 먹게 되었다고 합니다.

이렇게 명나라 때 중국인 식탁의 중심에 자리 잡게 된 돼지고기는 청나라를 거치며 지금의 확고한 자리를 굳히게 됩니다. 청나라는 만주의 여진족이 세운 나라입니다. 여진족 역시 북방계 왕조이지만 이들은 초원이 아닌 만주 벌판의 숲속이 생활 터전이었습니다. 『후한서 동이열전』에서는 만주 지방에 사는 부족인 읍루족이 돼지를 많이 기르고, 그 고기를 먹으며 돼지가죽으로 옷을 만들어 입고 그 기름을 온몸에 두껍게 발라 매서운 바람과 추위를 피했다는 기록이 있습니다.

돼지고기는 만주에 사는 여진족이 가장 좋아하는 고기며, 청나라 황실의 제례에는 반드시 돼지고기가 올라갔다고 합니다. 숲에서는 양이나 소보다 임신 기간이 짧고 한 번에 10마리씩 새끼를 낳는 돼지가 더 매력적인 가축이었을 겁니다. 흑림黑林이라 불릴만큼 빽빽한 숲이 발달한 독일에서 햄, 소시지 외에도 메트Mett(돼지고기 육회), 슈바인스학세Schweinshaxe(돼지 다리) 등 다양한 돼지고기 요리가 발달한 것은 우연이 아닙니다.

소동파가 동파육을 만들어 가난한 이들과 나눠 먹던 시절 당시에는 인기 없는 돼지고기가 지금처럼 중국의 대표 요리가 되기에는 많은 시간이 필요했습니다. 하나의 음식이 특정 지역을 대표하기까지는 기후적인 배경, 종교적인 요인, 문화의 전파 과정 등 여러 요소가 작용합니다. 중국의 돼지고기는 농경민족인 한족과 북방민족인 유목민족의 대결이라는 정치적·지리적 배경 속에 지금 중국인들이 가장 사랑하는 요리 재료가 되었습니다.

메트

지방과 함께 간 돼지고기에 후추와 소금, 허브, 양파를 올린 돼지고기 육회로 주로 빵에 발라 먹습니다.

슈바인스학세

독일 바이에른주에서 즐겨 먹는 요리로 우리나라 족발과 유사한 음식입니다. 으깬 감자나 사우어크라우트를 곁들여 먹습니다(출처: 위키피디아).

만두와 제갈공명

만두는 오늘날 정말 많은 사랑을 받는 음식입니다. 우리가 만두라고 부르는 밀가루 반죽에 소를 채운 음식은 세계 여러 곳에서 볼 수 있습니다. 인도 식당에서 볼 수 있는 사모사samosa, 중앙아시아 유목민족 기원 국가들이 널리 먹는 만트манты, 이탈리아의 라비올리ravioli, 라틴아메리카의 엠파나다empanada 등 헤아릴 수 없이 많은 만두가 있습니다. 과연 만두의 시작은 어디였을까요?

가장 널리 알려진 이야기는 『삼국지』에 나온 '제갈공명 전설'입니다. 한나라 말기 삼국시대, 촉나라의 승상 제갈공명이 남만을 정벌하고 돌아오는 길에 풍랑이 심해 강을 건너지 못합니다. 그 지역 사람들은 사람의 머리를 잘라 제물로 바쳐야 한다고 합니다. 하지만 전쟁 중 너무 많은 사람을 죽여 마음이 무거운 제갈공명은 밀가루 반죽으로 사람의 머리 모양을 만들고 그 안에 고기와 야채를 넣어 이를 제물로 바치게 했다고 하죠. 이때 제물로 만든

사모사(인도)

만트(우즈베키스탄)

라비올리(이탈리아)

엠파나다(라틴아메리카)

음식이 만두의 기원이라는 이야기입니다. 만두饅頭에 '머리 두頭'가 들어간 것과도 일맥상통합니다.

안타깝지만 정말 그러했는지 확인할 길이 없습니다. 소설 삼국지에 나온 일화를 모두 역사적인 사실로 받아들이긴 어렵습니다. 실제 정사 삼국지에는 이에 관한 이야기가 나오지 않는다고 하니까요. 또한 지금의 중국에서 만두饅頭(만터우)라고 부르는 음식은 고기나 야채 같은 소가 들어 있지 않은 찐빵에 가까운 음식이고 우리에게 익숙한 만두는 포자包子(바오쯔) 또는 교자餃子(쟈오쯔)입니다. 일본에서는 만두를 교자라고 부릅니다.

만두가 제갈공명으로부터 시작했는지 알 수 없지만, 만두에 대해 알아보

만두(만터우, 중국)
지금 우리가 먹는 만두보다 찐빵에 가깝습니다.

포자(바오쯔, 중국)
피가 두껍고 속은 채소 고기로 만든 소로 채워져 있습니다. 우리의 왕만두와 비슷합니다.

교자(자오쯔, 중국)
우리의 만두와 유사하지만 찌거나 굽지 않고 물에 삶는 것이 다릅니다. 떡국처럼 설날에 먹는 음식입니다.

교자(일본)
구워 먹으면 야키교자, 삶아 먹으면 스이교자라고 불립니다. 우리나라 군만두, 물만두와 유사합니다.

는 것은 흥미로운 일입니다. 지역별로 다양한 만두가 있지만, 공통점이 있다면 '밀로 만든 피에 고기나 야채 등의 소를 채워 넣어 먹는 음식'이라는 점일 겁니다. 만두를 더 이해하기 위해서는 먼저 밀 재배 지역부터 알아보는 게 좋을 것 같습니다. 쫀득한 밀가루 반죽이 있었기에 그 안에 무엇인가를 채워넣을 수도 있었을 테니까요.

중국에서 밀이 재배되기 시작한 것은 실크로드를 통해 전달된 이후부터입니다. 제갈공명이 살던 후한말 위·촉·오 삼국시대에는 밀이 널리 재배되고 많은 사람이 먹는 음식은 아니었다고 합니다. 실제 밀가루 음식이 보편화되고 많은 사람의 사랑을 받게 된 것은 당나라 이후입니다. 아마 제갈공명이 살던 시절에 밀가루는 꽤 귀한 음식 재료였겠죠. 만두의 기원이 정말 제갈공명이라면 중요한 제사의 제물로 귀한 밀가루 반죽으로 만든 요리를 바쳤을지도 모르겠네요.

그렇다면 우리나라에서 만두를 많이 만들어 먹은 곳은 어딜까요? 그곳은 당연히 밀가루를 쉽게 구할 수 있는 지역이어야겠죠. 서늘하고 건조한 환경을 좋아하는 밀은 우리나라에서 널리 재배되지 못했습니다. 쉽게 구할 수 없으니 귀한 음식 재료 취급을 받습니다. 진짜다 해서 '진가루'라고 불리기도 했다고 합니다.

우리나라에서 밀 재배는 쉽지 않았습니다. 제한된 농경지에서 밀 재배를 하기 위해서는 강력한 경쟁자인 벼보다 우위를 차지해야 하는데, 기후 조건과 산출량 등등 다 생각해 봐도 밀이 벼를 쉽게 이길 수는 없습니다. 대표적인 이모작 작물인 보리는 쌀과 시간 경쟁에서 비껴가 재배될 수 있었지만 밀, 특히 봄밀은 쌀과 재배 시기도 겹쳐 우리 조상들에게 선택되지 못한 작물이었습니다.

하지만 한반도 서북 지역(평안도·황해도)은 조금 이야기가 다릅니다. 이 지역은 강수량이 700~900mm 정도의 소우지로, 건조 기후에 적응하기 위한 진압 농법*이 발달할 만큼 벼농사에 적합한 지역이 아닙니다. 이 지역에

* 가을에 파종한 보리나 밀 등의 작물이 성장하기 시작하는 봄철에 토양수 증발을 최소화하기 위하여 작물의 뿌리가 마르지 않도록 밟아 주는 농사법

우리나라에서도 일상적으로 즐겨 먹는 다양한 종류의 만두 요리

서 벼농사가 정착된 것은 수리 시설이 정비된 일제강점기 이후라고 하니까요. 이런 조건은 한편으로 다른 작물에게는 기회가 되었겠죠. 평안도·황해도 지역에서 옛날부터 밀이 재배되고 밀가루 음식, 특히 만두 요리가 발달한 것은 이런 지리적인 배경이 있습니다.

밀가루 음식의 그 쫀득한 맛을 서북 지역 사람들은 일찍부터 알았겠죠. 지금도 유명 평양냉면집에 가면 만두가 주요 메뉴로 있는 것도 이런 이유입니다. 한국전쟁 이후 월남한 서북 지역 사람들이 운영하는 음식점에서 만두는 냉면과 함께 필수 메뉴였습니다. 이들에게 만두 요리는 소울푸드*였던 거죠. 냉면과 만두로 유명한 노포老鋪(대대로 물려 내려오는 점포)가 서울의 장충동·충무로·필동 일대에 집중해 있습니다. 이 지역은 과거 일본인이 거주했던 지역으로 해방 후 평안도 부자들이 적산가옥을 사들여 정착한 곳입니다. 월남민들이 집중적으로 거주하는 지역으로 변모하고, 고향 음식을 찾는 사람들의 입맛에 맞게 냉면과 만둣집이 집중하게 됩니다.

제갈공명의 만두 얘기가 흘러 흘러 우리나라 서울의 냉면, 만두 요릿집까지 왔군요. 음식의 정확한 기원을 아는 것은 정말 어려운 일입니다. 때로는 재밌는 이야기에 뒤섞여 전설처럼 부풀려지기도 하고 때로는 그럴듯한 이야기로 변모해 있었을 법한 이야기가 되기도 합니다. 사실 여부를 따지는 것도 의미가 있지만, 사람들의 입을 따라 흘러가는 이야기의 흔적을 따라 여기저기 둘러보는 것은 그것만으로 큰 즐거움입니다.

---

* 소울푸드는 영혼을 뜻하는 솔Soul과 음식을 뜻하는 푸드Food가 합쳐진 말로, 영혼의 안식을 얻을 수 있는 음식 또는 영혼을 흔들 만큼 인상적인 음식을 가리키는 용어로도 쓰입니다. 주로 한 나라를 대표하는 음식을 일컬을 때 사용하는데, 우리나라의 김치찌개, 된장찌개 등이 이에 속합니다.

미국에서 건너온 한국인의 밥도둑, 스팸

'따끈한 밥에 ○○ 한 조각', 이것은 2002년에 나온 광고 문구입니다. 그러고 보니 어느덧 20년이 훌쩍 넘었네요. 짭조름하고 고소한 맛으로 식욕을 자극하며 명절 선물로 빠지지 않는, ○○은 무엇일까요? 바로 스팸입니다. 스팸은 전 세계 80개국 이상에 진출한 글로벌 식품전문기업 호멜 푸즈 Hormel Foods에서 생산하는 햄입니다. 1891년 조지 호멜이 호멜 푸즈를 설립했을 당시에는 5개 정도 되는 주에 물류센터를 두고 영국에 고기를 수출하는 작은 정육업체였습니다.

스팸을 만든 사람은 조지 호멜의 아들, 제이 호멜입니다. 제이 호멜은 아버지의 회사에 입사하면서 사장과 같은 높은 직위나 서류작업을 하는 사무직 대신 공장에서 작업복을 입고 돼지의 고기와 뼈를 분리하는 등의 현장 업무를 경험하였습니다. 이 덕분에 제이 호멜은 품질 좋은 제품을 직접 생산하는 방법을 배우고 회사 운영에 필요한 리더십을 기를 수 있었습니다.

제이 호멜Jay C. Hormel

호멜푸드 제품(출처: 위키피디아)

제이 호멜의 창의적이며 도전적인 기업가 정신 덕분에 우리가 즐겨 먹는 스팸이 탄생할 수 있었습니다.

미국이 제1차 세계대전에 참전하면서 아버지 조지 호멜은 아들이 군 복무를 연기하고 회사 경영에 더 전념하길 바랐지만, 제이 호멜은 미네소타에서 가장 먼저 입대를 하였고 프랑스에서 미육군 병참장교(군사 작전에 필요한 인원과 물자를 관리·보급·지원하는 일을 맡은 군인)로 근무하게 됩니다. 전쟁 당시 유럽인과 미국인의 주식이었던 고기는 그 무엇보다 중요한 식량이었습니다. 제이 호멜은 전쟁터까지 고기를 운송하는 업무를 맡았는데, 냉동기술이나 고기를 가공하는 기술이 부족했던 터라 운송하는 데 시간이 오래 걸렸습니다. 이에 상관으로부터 운송에 대한 압박을 받게 되자 '미리 고기와 뼈를 분리하여 간편하게 고기를 먹을 수는 없을까?'라는 생각을 하게 됩니다. 제이 호멜이 통조림의 필요성을 느끼게 된 출발점이라 볼 수 있죠.

전쟁이 끝났지만 아직도 호멜 푸드에서 생산하는 제품은 구매 후 다시 조리를 해야 했기에, 제이 호멜은 소비자가 구매하여 바로 먹을 수 있는 가공 식품을 만들고 싶어 했습니다. 하지만 만족할 만한 결과를 얻지 못하게 된 호멜은 유럽여행 도중 독일 함부르크에서 작은 육가공 공장을 운영하는 폴 존을 만나게 되고, 둘은 미국에서 세계 최초의 통조림 햄인 Hormel Ham을 개발하였습니다. 그런데 돼지 넓적다리를 이용해 주력 상품인 호멜 햄을 만들었지만, 남은 부산물과 지방이 잔뜩 붙어 있는 부위를 처리하는 일이 골칫거리가 되었습니다. 그래서 남은 재고를 조미료와 함께 갈아 넣은 후 통조림으로 만들자는 아이디어를 내고 호멜 조미햄Hormel Spiced Ham이라는 이름으로 제품을 발매합니다. 하지만 흔한 이름이라 큰 인기가 없자 호멜은 상금 100달러를 걸고 공모전을 개최했는데, Spiced와 Ham의 합성어인 'SPAM'이라는 제품 이름이 우승하게 됩니다. 그리고 스팸은 저렴한 가격에 비해 사람들의 입맛을 휘어잡는 뛰어난 맛으로 '아침부터 밤에도, 날씨가 덥거나 추워도 언제나 먹을 수 있는 기적의 고기miracle meat'라는 광고로 알려지며 순식간에 호멜 푸드의 주력 상품이 됩니다.

스팸이 세계적으로 알려지게 된 계기는 제2차 세계대전입니다. 미국은 전쟁 당시 영국을 비롯한 연합국에게 다양한 물자를 보급하고 있었는데, 가장 대표적인 것이 스팸이었습니다. 스팸은 대량생산이 가능하여 연합국 입장에서 언제나 구매할 수 있었으며, 고열량 단백질에 조리와 보관이 쉬운 전투식량으로 각광을 받았습니다. 전쟁 중 스팸의 소비량이 얼마나 많았던지 유난히 스팸을 많이 보급받은 영국은 스팸랜드라 불렸으며, 스팸을 식량으로 활용했던 미국 공군 부대는 스팸빌로 칭했습니다. 호멜에 따르면 약 1억 파운드(4만 5천t) 이상의 스팸이 전쟁 기간에 공급되었다고 합니다. 하지만 스팸이 지나치게 많이 공급되면서 수요를 넘어서게 되자 사람들은 점차 스팸에 질리게 되었고, 미국에서는 많은 사람들이 스팸을 불량식품이나 경제적 어려움을 상징하는 식재료로 인식하게 되었습니다.

한편 미국에 의해 널리 퍼진 스팸은 전쟁이 끝나고 아시아·태평양 등의 분쟁 지역에 전파되면서 그곳의 음식에 활용되기 시작했습니다. 제2차 세계대전 당시 미 해군 태평양함대 사령부가 있었던 하와이에서는 밥과 스팸을 김으로 싼 하와이안 무스비라 불리는 스팸 무스비가 유명했습니다. 무스비는 일본의 오니기리를 가리킵니다. 제2차 세계대전 이후 하와이로 건너간 일본인들이 일식집을 운영하면서 생선 초밥을 판매했는데, 하와이의 어업이 금지되자 생선 대신 스팸을 무스비에 넣어 팔면서 현지화된 것입니다. 이에 더해 하와이에서는 스팸 버거도 판매되고 있습니다.

스팸 무스비(출처: 위키피디아)
하와이 와이키키에서는 스팸을 활용하여 다양한 요리를 선보이는 스팸 잼이라는 축제가 열립니다.

우리나라에서는 1950년대 초 한국전쟁 시기 미군과 함께 자연스럽게 들어온 스팸이 부대찌개의 재료로 이용되었습니다. 당시 가난했던 한국은 고기와 같은 단백질을 구하기 어려웠기 때문에 스팸은 고급 영양식품으로 인식되기 시작합니다. 1986년 우리나라의 한 기업이 호멜사와 제휴를 맺고 스팸을 자체 생산하기 시작하면서, 오늘날 한국인의 밥도둑으로 자리 잡게 되었습니다.

최근 미국에서 별로 인기가 없었던 스팸의 판매량이 사상 최고치를 경신하고 7년 연속 신기록을 작성했다는 뉴스가 보도되었습니다. 이것은 미국으로 가는 이민자들이 늘면서 스팸 무스비를 비롯해 스팸 꼬치, 스팸 볶음밥 등 퓨전 요리가 널리 퍼지고 있기 때문입니다. 또한 SNS에 짧은 동영상을 올리는 것이 문화적 주류로 자리 잡은 요즘 사람들이 자신만의 스팸 요리를 만들어 소개하면서 다양한 문화권에서 스팸을 활용하는 방법이 공유되고 있습니다. 영국에서도 스팸이 들어간 부대찌개 맛집이 등장하기 시작했습니다. 결국 교통과 통신의 발달로 인한 스팸의 세계화가 다시 스팸의 인기를 끌어올리고 있는 비법이라고 볼 수 있습니다.

스팸메일과 스팸은 어떤 관계일까?

스팸메일Spam mail은 불특정 다수에게 무차별적으로 발송하는 홍보 목적의 이메일이나 SMS를 말합니다. 제2차 세계대전 중 스팸랜드가 된 영국에서 이를 희화화한 코미디 프로그램이 방송되었는데, 레스토랑에서 판매하는 모든 메뉴에 스팸이 들어간 것도 모자라 출연자들이 스팸송을 부릅니다. 이것이 계기가 되어 스팸은 과잉 공급을 의미하는 이미지를 갖게 되었는데, 오늘날 스팸메일로 탄생하게 되었습니다. 국립국어원에서 운영하는 '모두가 함께하는 우리말 다듬기'에서는 스팸메일을 '쓰레기편지'로 순화하기도 하였습니다.

나폴리피자의 대명사, 마르게리타피자

피자는 오늘날 우리에게 아주 친숙한 음식입니다. 배달 요리 하면 짜장면, 피자, 치킨이 떠오르죠. 원조 격인 나폴리피자부터 로마피자, 뉴욕피자, 시카고피자, 하와이안피자 등등 지역과 토핑에 따라 종류도 엄청나게 많습니다.

우리나라에서 먹는 피자는 토핑이 듬뿍 들어간 미국 스타일 피자가 널리 알려졌습니다. 피자헛과 같은 대형 프랜차이즈의 영향으로 봐야 할 것 같습니다. 하지만 알다시피 이 피자의 원조는 이탈리아입니다. 이탈리아에서도 남부 나폴리가 피자의 발상지라고 하죠. 지금부터 나폴리피자의 대명사인 마르게리타피자에 대해 알아보겠습니다.

마르게리타 이야기에 앞서 나폴리 이야기부터 시작해야겠네요. 나폴리는 이탈리아 남부를 대표하는 도시로 아름다운 항구로 유명한 곳이죠. 나폴리에서 조금만 남쪽으로 가면 유명한 베수비오 화산과 폼페이가 있습니다. 피

나폴리피자

둥근 도우에 치즈와 토핑을 얹고 고온의 화덕에서 굽습니다.

로마피자

구운 빵에 치즈와 토핑을 얹고 한 번 더 굽는 네모난 형태의 피자입니다.

뉴욕피자

얇은 도우, 토마토 소스와 치즈, 페퍼로니 토핑이 원조 이탈리아 피자와 유사합니다.

시카고피자

두꺼운 도우, 파이처럼 치즈와 소스로 속을 채운 것이 특징입니다.

하와이안피자

파인애플 토핑이 특징인 피자로 정작 기원지는 하와이가 아닌 캐나다입니다.

(사진 출처: 위키피디아)

이탈리아 남부 지방의 대표 도시 나폴리

자 이야기를 하다가 갑자기 폼페이 이야기를 꺼낸 것은 나폴리피자에서 화덕을 빼놓을 수 없기 때문입니다. 베수비오산의 다공질 화산석으로 만든 내화벽돌은 열효율성과 보존성이 뛰어나 화덕을 만드는 데 최적이라고 합니다. 이 화덕에서 400℃ 이상의 고온으로 빠르게 구워 낸 피자는 먹는 동안 촉촉함과 쫄깃함이 유지될 수 있는 맛의 비결이죠. 이탈리아 나폴리피자 협회는 '진정한 나폴리피자'를 보호하고자 여덟 가지 규정을 정했는데 그중 첫 번째로 장작을 사용하는 화덕을 조건으로 제시했답니다.

지금의 나폴리피자가 나오기 위해서는 이런 지리적 배경이 필요했습니다. 우리나라의 유명 피자집이 1억이 넘는 돈을 들여 화덕을 나폴리에서 공수했다는 뉴스를 봤답니다. 굳이 많은 비용을 들여 나폴리에서 가져온 것도

나폴리피자 8가지 규정

1) 장작을 쓰는 화덕 사용

2) 굽는 온도는 430~480도

3) 둥근 모양으로 지름 35cm 이하

4) 반죽은 손으로

5) 크러스트 두께는 2cm 이하로

6) 가운데 두께는 0.3cm 이하로

7) 쫄깃한 촉감과 접을 수 있을 정도의 부드러움

8) 이탈리아산 토마토소스와 치즈 사용

이런 이유가 있었던 거죠.

이렇게 얘기하니 피자가 아주 호사스러운 음식 같지만 사실 18세기 나폴리에서 피자는 빈민들이 주로 먹는 음식이었습니다. 조리하기 간편하고 먹기도 편하니까요. 특히 어부들이 주로 먹어 '어부 피자'라고 불렀다고 합니다. 그런 피자가 어떻게 마르게리타Margherita, 이탈리아 왕비의 이름을 얻게 되었을까요.

이탈리아는 로마제국 멸망 이후 수천 년간 분열되어 있었는데 19세기에 가리발디, 카보우르로 알려진 영웅들에 의해 통일이 됩니다. 이때 통일 이탈리아의 국왕은 에마누엘레 2세가 되고, 움베르토 1세는 에마누엘레 2세의 아들로 2대 국왕이 됩니다. 마르게리타는 움베르토 1세의 아내입니다.

1889년 나폴리를 방문한 움베르토 왕과 마르게리타 왕비가 나폴리의 요

마르게리타 왕비(1851~1926)
마르게리타 왕비는 이후 피자를 만들어 준 요리사를 궁전까지 불러 다시 피자를 만들게 했다고 합니다.

마르게리타피자
폼페이 근처에서 수확한 밀가루로 만든 빵에 토마토, 모차렐라 치즈, 바질 토핑으로 맛을 낸 피자는 마르게리타 왕비의 마음을 빼앗았습니다.

리를 맛보고 싶어 하자 당시 요리사들은 여러 피자를 내놓았는데 마르게리타 왕비는 이탈리아의 녹색·백색·적색 3색 국기 색깔을 담은 피자를 선택했다고 합니다. 이후 이 피자는 마르게리타피자로 불리게 되지요. 마르게리타피자를 보시면 바질의 초록색, 모차렐라 피자의 흰색, 토마토의 붉은색이 어우러져 이탈리아 국기가 연상되실 겁니다. 오랜 분열 후에 이룬 통일 왕국이니 왕비의 선택도 다분히 정치적이었지 않았을까요.

피자의 세계화

너무나 이탈리아스러운 피자가 세계적인 음식으로 된 것은 미국의 영향이 큽니다. 19세기 후반 나폴리·시칠리아 등 남부 이탈리아인들이 대거 미국으로 이주합니다. 미국으로 이주한 이탈리아인들은 뉴욕·보스턴 등 북동부 대도시에 자리 잡고 그들의 고향 음식인 피자 가게를 내게 됩니다. 이것이 미국에 피자가 상륙하게 된 배경이죠. 1905 맨해튼 스프링 가 '롬바르디스'라는 피자 가게는 지금도 당시의 역사를 보여 주고 있습니다.

하지만 이민자의 음식으로 대중성을 얻지 못했던 피자는 2차 세계대전 중 이탈리아에 주둔한 미군에 의해 세계인의 피자로 거듭나게 됩니다. 이탈리아에서 피자를 맛본 미군들이 본국으로 돌아와 피자를 찾게 되고 그 과정에서 시카고 피자, 뉴욕 피자, 필라델피아 피자와 같은 미국식 피자가 탄생하게 되었죠. 이후 피자헛 등으로 알려진 세계적 프랜차이즈를 중심으로 전 세계의 음식으로 확산된 것입니다.

여담으로 이탈리아 사람들은 피자에 파인애플을 넣은 '하와이안 피자'에 대해 기겁을 한다고 합니다. 이를 소재로 한 농담도 많죠. 자신들의 피자에 대한 프라이드가 강한 사람들에게 파인애플이 들어간 피자는 이상한 조합으로 인식되는 거죠.

하지만 정작 피자의 주재료인 토마토는 남미가 원산지인 식재료로 16세기 이후에나 유럽으로 유입됩니다. 이탈리아 전통 음식이라고 생각했지만 거슬러 올라가면 결국 수입 농산물을 이용한 음식이었던 거죠. 이처럼 각 문화는 상호 작용 속에 변화·발전하고 있습니다.

샌드위치 이름 속에 숨어 있는 비밀

샌드위치는 부드러운 빵 사이에 맛있는 햄과 치즈를 넣고, 소스를 바른 뒤 취향에 따라 야채와 계란 등을 곁들여 먹는 음식입니다. 샌드위치는 빵 위에 재료를 올려놓고 먹는 오픈 샌드위치Open sandwich와 빵 사이에 속을 채워 먹는 클로즈드 샌드위치Closed sandwich로 나뉩니다. 일반적으로 샌드위치를 이야기할 때는 클로즈드 샌드위치를 말하며, 이때 빵을 구운 핫 샌드위치를 토스트라고 부르기도 합니다.

샌드위치

샌드위치처럼 빵 사이에 재료를 넣고 먹는 요리는 오래전부터 내려오고 있었으나 특별히 불리는 이름이 없었습니다. 16~17세기만 해도 영국에서는 샌드위치로 불리지 않고 단순히 '빵과 고기bread and meat', '빵과 치즈bread and cheese' 등으로 불렸다고 합니다. 그렇다면 샌드위치라는 이름은 어디에서 유래하였을까요?

존 몬태규 샌드위치 백작

샌드위치Sandwich는 영국 켄트 지방에 위치한 해안마을로, 모래를 뜻하는 'Sand'와 마을, 땅을 뜻하는 고대 영어 'wic'가 합쳐져, '모래 마을', '모래 위에 지어진 마을'이라는 뜻을 담고 있습니다. 샌드위치 지역의 초대 백작 작위를 부여받은 에드워드 몬태규Edward Montagu는 과거 청교도 혁명으로 프랑스로 망명했던 영국 찰스 2세가 왕정복고로 귀국할 때, 왕을 호위해 돌아온 해군 제독입니다. 이때 왕이 상륙한 장소가 바로 샌드위치 지역이죠.

이후 제4대 샌드위치 백작 지위를 물려받은 존 몬태규John Montagu는 오늘날 우리가 먹는 샌드위치라는 명칭의 기원이 되는 인물입니다. 명문 사립학교인 이튼 칼리지를 거쳐 케임브리지의 트리니티 칼리지에서 공부하면서 그랜드 투어*와 그리스·튀르키예·이집트 등을 돌아다니는 여행광이었던 그는 귀국 후 국무장관을 비롯해 세 번의 해군 장관을 지내는 등 행정능력이 탁월하다는 평을 받습니다. 이러한 바쁜 생활 속에서 존 몬태규 백작은 잦은 업무와 시간을 많이 소비하는 귀족들의 전통적인 식사, 그리고 여행을 다니면서 이동할 때 간단히 먹을 수 있는 음식에 고민하였다고 합니다. 샌드위치라는 단어가 널리 쓰이게 된 것은 1772년 프랑스 여행작가인 피에르 장 그로슬리Pierre-Jean Grosley가 『런던 여행Londres』이라는 책에 다음 내용을 언급한 데서 비롯되었습니다.

> 국무총리인 샌드위치 백작 존 몬태규가 도박 테이블 위에서 빵 사이에 고기를 끼워 하인에게 가져달라고 주문했는데, 이후 이 음식이 런던에서 상당히 유행하게 되었다. 음식의 이름은 발명자의 이름을 따서 샌드위치라고 불리게 되었다.

소문에 따르면 그때 같이 도박을 즐기던 귀족도 샌드위치 백작의 음식을 본 후 "나도 샌드위치와 같은 음식을 달라"라고 주문하면서 이름이 굳혀졌다고 합니다. 백작이 정말 도박을 즐기면서 샌드위치를 먹었는가에 대해서는 의문이 제기되고 있지만, 샌드위치 백작의 의도와는 별개로 음식으로서의 샌드위치는 전 세계로 널리 퍼지게 되었습니다.

19세기 이후 산업의 발달에 따라 노동자 계급에서는 값싸고 빠르게 먹으면서 휴대할 수 있는 음식인 샌드위치의 인기가 매우 높았으며, 오늘날 샌

---

* 17~19세기 초까지 영국 귀족 가문의 자제 사이에서 유행한 견문을 넓히기 위한 교육 여행

드위치는 간편식으로 누구나 편하게 즐길 수 있는 음식이 되었습니다. 현재 존 몬태규 백작의 후손들은 미국 플로리다에 본사를 두고 샌드위치 프랜차이즈를 운영하고 있습니다.

한편, 존 몬태규 백작의 이름은 세계 곳곳에서 찾아볼 수 있습니다. 영국의 탐험가로 유명한 제임스 쿡James Cook은 존 몬태규 백작의 후원을 받아 여러 지역을 항해하면서 백작의 이름을 남겼습니다. 제임스 쿡이 북태평양을 항해하던 중 현재의 하와이를 발견하였는데, 처음 발견했을 당시에는 백작의 이름을 따 샌드위치 제도라고 이름을 붙였습니다. 이뿐 아니라 남

사우스 조지아 사우스 샌드위치 제도

제임스 쿡은 당시 영국의 왕이었던 조지 3세를 기념하여 섬의 이름을 지었고, 샌드위치 백작을 기념하여 사우스 샌드위치라는 제도의 이름을 붙였습니다(출처: 위키피디아).

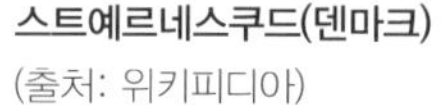

스트예르네스쿠드(덴마크)
(출처: 위키피디아)

케밥(튀르키예)

파니니(이탈리아)
(출처: 프리픽)

아메리카 남단에 위치한 영국령 사우스 조지아 사우스 샌드위치 제도South Georgia and the South Sandwich Islands와 알래스카의 몬태규 섬Montague Island에서도 백작의 이름을 찾아볼 수 있습니다.

샌드위치는 각 지역의 자연환경, 산업, 문화 등 지리적 특성에 따라 서로 다른 속 재료가 들어가기도 합니다. 반도와 섬으로 이루어져 해산물을 쉽게 구할 수 있는 덴마크의 스트예르네스쿠드Stjerneskud는 빵 위에 다양한 종류의 재료를 올려 먹는 오픈 샌드위치로 주로 호밀빵 위에 버터를 바르고 그 위에 다양한 종류의 해산물을 올립니다. 주로 청어, 새우, 연어, 연어알, 캐비어, 소고기, 양고기 등등 원하는 재료를 올리고 마지막으로 마요네즈를 넣어 먹습니다.

건조한 기후와 종교적 교리, 그리고 전쟁에서의 급박한 상황이 반영된 튀르키예의 되네르 케밥Doner kebab*은 에크맥이라는 바게트 비슷한 빵 안에 화로에서 구운 양고기, 소고기 또는 닭고기를 넣어 다양한 야채와 함께

---

* 되네르는 '돌다, 회전하다'라는 뜻이고, 케밥은 '구운 고기 요리'라는 뜻입니다.

먹는 샌드위치입니다. 이밖에 따듯한 접시 위에 얇게 썬 되네르 케밥과 그릴에 구운 고추, 익힌 토마토를 곁들여 먹는 음식인 포르시욘Porsiyon과 바즐라마Bazlama라는 빵 안에 고기와 야채를 넣어 먹는 톰빅 되네르Tombik Doner 등이 있습니다.

지중해 지역에 위치하여 로마 제국의 풍성한 먹거리를 물려받은 이탈리아의 샌드위치에는 파니니가 있습니다. 파니니Panini는 빵 사이에 치즈, 야채, 햄 등의 재료를 넣어 만든 샌드위치로 들어가는 속 재료로는 치즈, 훈제 고기, 말린 생선 등이 주로 사용되어 왔으나, 오늘날에는 구운 채소, 과일, 초콜릿, 아이스크림까지 매우 다양한 재료가 사용됩니다.

산도와 샌드위치는 무슨 관계일까?

산도는 샌드위치의 일본식 외래어 표기인 '산도위치サンドイッチ'의 앞 두 글자를 딴 줄임말입니다. 우리나라에서 판매하는 과자와 빵 등의 음식에 산도라는 이름을 붙인 것은 여기에서 유래합니다. 최근에는 '타마고 산도(계란 샌드위치)'나 '후르츠 산도(과일 샌드위치)', '가츠 산도(돈가스 샌드위치)' 등의 일본식 샌드위치가 인기를 끌면서, 편의점과 마트를 비롯한 각종 음식점에서 쉽게 만나볼 수 있습니다.

산도

우유왕 알 카포네

알 카포네(1899~1947)는 미국 마피아의 전설적인 인물입니다. 이탈리아계 마피아의 일원으로 꽤 싸움을 잘하는 파이터로 유명했습니다. 싸움 도중에 얼굴에 상처를 입어 '스카페이스Scarface'라는 별명으로 불렸다고 하죠.

알 카포네 Al Capone

알 카포네는 미국의 금주법(술 생산과 유통을 금지시키는 법으로 1919년 제정된 이후 1966년에서야 미국 전역에서 완전히 철폐됨)을 이용해 큰돈을 법니다.

캐나다와 가까운 시카고에 지역 기반을 둔 알 카포네 조직Chicago Outfit은 국경 넘어 캐나다에서 몰래 술을 들여와 이를 유통하며 엄청난 돈을 법니다. 고위험 고수익(high risk high return)이라고 하죠. 당시 알 카포네는 밀주사업으로 축적한 재산은 1억 달러에 이르렀다고 합니다. 그렇게 쌓은 부를 이용해 정치인들에게 로비하여 정치권의 비호를 받는 거물로 성장해 시카고 지역 갱단의 일인자가 되죠.

이런 알 카포네가 무슨 음식과 관련이 있을까요. 아이러니하게도 알 카포네는 우유의 유통기한 시스템을 정착시키는 데 기여한 인물입니다. 하얀 우유와 폭력적인 마피아가 잘 어울리지 않지만 우유라는 식품의 특성을 잘 파악한 알 카포네는 이 사업에서 큰 성과를 냅니다. 무시무시한 마피아 두목이지만 사업감각은 좋았던 것 같습니다.

우유 산업은 유통관리가 핵심입니다. 우유농장은 소비지에서 멀어질수록 운송비가 급증해 대도시 가까이 위치할 수밖에 없습니다. 도로 상태가 좋지 않고 냉장 보관 기술이 발달하지 않은 20세기 초 미국은 더욱 그러했습니다. 튀넨의 고립국이론(농업 지역의 공간적 분화가 일어나는 주요한 이유를 운송비로 설명한 이론)에서도 낙농업酪農業은 중심도시에서 가장 가까이 위치한다고 했습니다. 알 카포네는 이런 우유 산업의 특성을 잘 이해했죠.

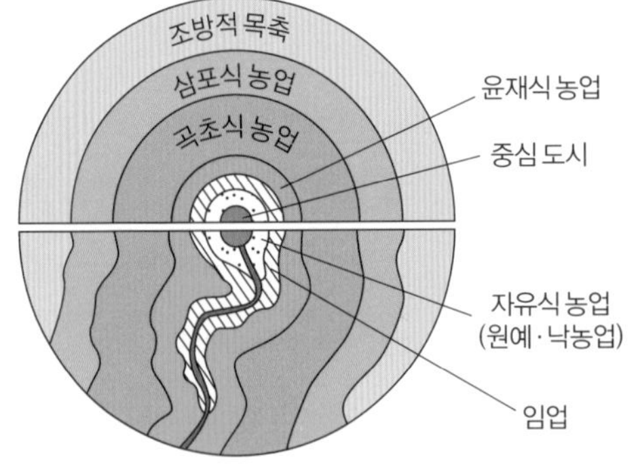

튀넨의 고립국 모델

튀넨은 운송비에 따라 농업의 형태가 바뀌는 것에 주목했습니다. 운송비가 비싼 낙농업은 중심도시에서 멀어질 경우 운송비가 급증하기 때문에 도시 가까이 입지한다고 보았습니다.

밀주로 큰돈을 번 알 카포네는 새로운 사업으로 확장을 모색하다 우유 유통 사업에 관심을 갖게 됩니다. '술은 파티나 주말에 마시는 게 고작 몇 병이지만, 우유는 매일 매일 모든 가족이 마신다고' 하며 자신들이 업종을 잘못 골랐다고 푸념했다고 합니다. 처음부터 우유 산업을 했다면 안정적인 매출이 확보되었을테니 말이죠.

알 카포네가 살던 당시 미국에서는 우유 유통 과정이 불투명하고 상한 우유를 파는 업자가 많았습니다. 1854년 뉴욕의 사망자 14,948명 가운데 8,000명 이상이 상한 우유를 마시고 죽었고 이 중 대부분이 영유아였다고 합니다. 미국 정부에서 우유의 품질을 높이려고 했지만 기존 우유 유통업자와 이익단체들의 저항이 심해 쉽지 않은 상황이었고요.

알 카포네는 밀주 유통을 통해 쌓은 노하우를 우유 사업에 적용해 큰 성공을 거둡니다. 기존 유통업자들과 차별화된 서비스를 제공하기 위해 품질로 승부를 벌인 것입니다. 밀주사업을 할 때 술의 품질관리를 하던 실력으로 '농장주를 협박해' 신선한 우유를 확보하고, '조직원들을 동원해' 유통과정에서 상한 우유를 섞지 않게 엄격한 품질관리를 하였죠. 그리고 '밀주를 운송할 때 사용하던' 냉장 수송차량을 활용해 우유를 운송했습니다. 무엇보다 우유병에 유통기한을 표시하게 해 신선한 우유인지 확인할 수 있게 했습니다. 유통기한 표시 기계를 다른 우유 유통업자에게 강매하거나 상한 우유를 판 업자에게 그 우유를 다 마시게 했다는 전설 같은 후일담도 있습니다.

알 카포네는 이후 폭력·살인 등의 강력범죄가 아닌 탈세 혐의로 감옥에 가게 됩니다. 철저한 일솜씨로 증거를 남기지 않아 폭력·살인으로는 기소할 수 없었다고 하네요. 결국 샌프란시스코의 앨커트래즈 감옥Alcatraz

앨커트래즈섬(출처: 위키피디아)

Prison에 갇히게 되는데, 감옥에 있는 동안 매독 증상이 심해져 출소 후에는 정상적인 생활을 하지 못했다고 합니다.

뒷얘기지만 알 카포네가 죽고 알 카포네의 조카는 인터뷰에서 사실 우유병에 유통기한을 새긴 것은 알 카포네가 아닌 알 카포네의 형이었다고 했습니다. 우유 유통기한의 기원이 알 카포네가 아닐 수도 있다는 것이지요, 어찌 되었든 알 카포네의 형도 시카고 마피아의 일원이었으니 밀주를 팔던 마피아와 우유 산업이 깊은 관계였었던 것은 사실인 것 같습니다.

제3장

역사

전 국민의 사랑을 받는 짜장면, 부산을 대표하는 음식 돼지국밥과 어묵, 영국인들이 즐겨 먹는 카레 등은 역사적인 사건과 관련하여 만들어진 음식들입니다. 짜장면은 개항기 때 중국에서 한국으로 넘어온 중국 노동자와 화교들에 의해 중국의 춘장과 면발 문화가 전해져 변형된 음식이고, 돼지국밥은 한국전쟁 당시 부산으로 피난 온 북한 주민들의 향토 음식인 순대가 변형된 요리입니다. 어묵은 일제강점기 일본의 '오뎅' 음식이 변형된 것이고, 영국의 카레는 피식민국가 인도의 커리가 영국으로 전해져 변형된 요리입니다. 이처럼 음식은 역사적 사건을 거치며 당시 사람들의 삶이 반영되어 새롭게 만들어지기도 합니다. 영국과 프랑스가 100년 가까이 벌였던 전쟁의 실마리는 양질의 포도주를 차지하기 위해서라고 하는데, 여기에는 어떤 비밀이 숨겨져 있는 걸까요?

조선의 두부를 사랑한 명나라

두부는 인류가 만든 식품 중에 단연코 가장 완벽에 가까운 식품이라는 데 이견이 없을 정도로 양질의 식물성 단백질이 풍부한 영양 만점 음식입니다. 두부는 중국에서 처음 만들어진 것으로 알려졌으며, 우리나라로 건너와서

콩

콩은 '밭의 고기'라고 불릴 만큼 양질의 식물성 단백질과 지방이 풍부한 곡물입니다. 우리가 일상생활에서 매일 접하는 간장과 된장의 원료로 이용되며, 두부와 콩나물 같은 필수식품의 원천이기도 하지요. 콩은 중국 북동부 만주 지방에서 기원하여 유럽과 북미 대륙에 전파되어 대량으로 재배되고 있습니다(출처: 한국 식품과학회).

임진왜란 직후 일본으로 전파되었습니다.

그런데 두부를 만드는 주원료인 콩의 기원지는 어디일까요? 식물학에서는 작물의 발상지를 야생종의 분포 유무와 변이종의 다양성을 통해 추정하는데 한반도 곳곳에서 콩의 변이종이 가장 많이 발견되었습니다. 야생콩과 재배콩의 분포를 볼 때 만주 지방 일대를 콩의 원산지로 보고 있습니다. 이 지역이 과거 고조선과 고구려의 영토였음을 참고할 때 우리 민족이 콩을 가장 먼저 음식으로 이용했을 것으로도 추정할 수 있습니다.

두만豆滿강의 '두' 자도 '콩을 가득 실어 나른다'라는 의미에서 '콩 두豆'를 사용했을 거라는 이야기도 있습니다. 두부豆腐는 한국·중국·일본에서 다양한 형태의 음식으로 발전했으며, 최근에는 서양에서도 두부를 이용한 요

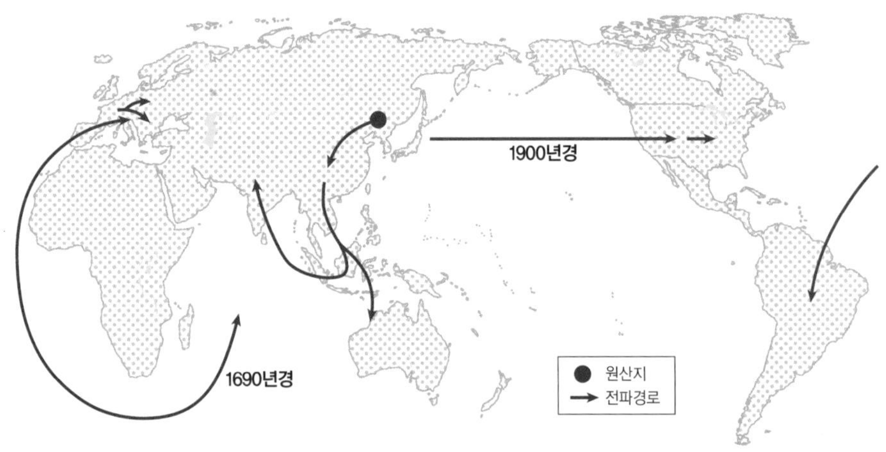

콩의 원산지와 전파경로

우리 민족의 활동무대였던 중국의 동북부, 만주 일대는 세계적으로 콩의 원산지로 널리 인정받고 있는 지역입니다. 이후 콩은 17세기 인도로 전파되었고, 1900년대 이후 중국과 런던을 거친 콩은 미국에 처음으로 도입되어 본격적으로 대량 생산되었습니다.

리가 널리 전파되었습니다. 하지만 영어식 표현인 '토푸Topu'는 사실 일본식 발음을 따른 것이라고 합니다. 두부를 만들 때 사용되는 콩은 대두콩으로, 두부콩이라고도 하는데, 1960년대까지는 우리나라와 중국이 세계 콩 생산국 수위를 차지했습니다. 그러나 미국과 브라질 등에서 콩이 대량으로 생산되면서 우리나라와 중국은 세계에서 대표적인 콩 수입국이 되었습니다. 현재 미국에서 생산하는 대두의 대부분은 우리나라를 비롯하여 아시아에서 채집한 종자를 개량한 것입니다.

중국에서 두부를 언제부터 만들어 먹기 시작했는지에 대한 정확한 사료는 남아 있지 않지만, 한나라에서 불로장생할 음식을 만드는 과정에서 우연히 탄생했다는 설과 몽골 유목민이 치즈를 만드는 것에서 착안했다는 설이 전해집니다. 이처럼 중국에서 시작된 두부는 고려 말에 우리나라로 넘어온 직후, 곧바로 대중에게 전파되지 않고 사찰을 중심으로 전파되었습니다. 때문에 당시 사찰 승려들에게 두부를 제조하는 일은 매우 친숙한 일이 되었습니다. 고려 말에 사찰을 중심으로 전파되어 오늘날 간단한 반찬거리로 여겨

두부

일상에서 즐겨 먹는 두부는 필수 아미노산이 풍부한 단백질 성분으로 이루어져 항암식품으로 널리 알려져 있습니다.

지는 현재와 달리, 중국에서 두부는 황제가 즐길 정도로 당대 높은 신분을 가진 자들이 즐긴 음식이었고, 조선시대 양반들도 포화라는 두부 파티를 벌일 정도로 귀한 음식이었습니다.

조선의 연간 풍습을 기록한 『동국세시기』에는 10월에 두부를 가늘게 썰어 꼬챙이에 꿴 다음 육수에 넣고 끓이는 연포탕軟泡湯이라는 전골 비슷한 음식을 양반들이 즐겨 먹었다는 기록이 있습니다. 이때 두부를 만드는 일은 인근 사찰에서 행해진 모양입니다. 가뜩이나 유교 국가에서 상대적으로 천대를 받고 있는데 두부 만드는 일까지 도맡게 되다니, 스님들의 삶이 얼마나 고달팠을지 짐작되시나요? 제사나 연회에 쓸 두부를 만드는 사찰을 '조포사'로 지정했는데, 세조의 능인 광릉 봉선사는 두부 제조로 유명한 조포사였습니다. 이처럼 조선의 두부가 명성을 얻게 되면서 나중에 이웃 나라인 명明나라까지 소문이 나 명의 황제가 조선두부 기술자를 요구할 정도가 되었습니다.

『세종실록』에 명나라 사신으로 간 공조 판서 성달생成達生이 전한 이야기가 실려 있습니다. 명나라 백언白彦이라는 환관이 당시 조선 요리사가 만든 두부를 황제에게 바쳤더니, 명 황제 선덕제가 맛을 보고 크게 기뻐하며 백언을 명나라 궁중에서 필요한 물건을 관리하는 어용감의 부책임자로 임명했다고 합니다. 명나라 황제가 파격적인 인사를 감행할 정도로 조선 두부가 중국 황실의 입맛을 사로잡은 것입니다. 이를 통해 당시 조선에서는 두부 제조 기술이 매우 뛰어났음을 유추해 볼 수 있습니다. 이후 명나라 황제는 다시 사신을 통해 세 통의 칙서를 세종에게 전합니다. 그중 하나가 조선에서 두부 잘 만드는 기술자를 뽑아서 중국으로 보내 달라는 내용이었습니다. 이렇게 명 황제가 칙서까지 보내서 두부 잘 만드는 기술자를 뽑아 파견해 달라고 할 정도니, 당시 조선의 두부 제조 기술 수준을 짐작할 수 있는 것은 물론 황제와 명나라는 본격적으로 조선의 두부 맛에 푹 빠져 버린 듯합니다.

너무 맛있는 조선의 두부 때문일까요? 두부로 인해 조선은 임진왜란 때 곤란한 상황까지 겪게 됩니다. 1592년 임진왜란이 시작되고 명나라가 조선에 군대를 파병했는데 전쟁 중에 현지에서 식량 보급이 제대로 이루어지지 않자, 명나라 군대는 마을을 돌아다니며 약탈을 하기 시작합니다. 뒤늦게 조정에서는 명나라 군대를 위해 식량 보급을 결정했는데, 명나라 군대가 먹을 식단에 두부를 제공하기로 결정합니다. 하지만 전쟁 중이라 두부를 만들 콩을 구하기도 쉽지 않았을 뿐더러, 지금처럼 대량 생산을 할 수 없는 상황에서 명나라 군대에게 두부를 공급했을 백성들의 고생이 이만저만 아니었

유바(좌)와 취두부(우)

일본의 유바는 두부피로 만드는데, 계란국에 들어가는 계란처럼 담백하고 밋밋하지만 단백질 함량이 높습니다. 중국의 취두부는 두부를 발효시켜 기름에 튀겨 쾨쾨한 맛이 특징입니다(출처: 리얼푸드).

을 겁니다.

한편 임진왜란 때 고치현高知県 성주가 진주성 싸움에서 두부 장인을 포로로 잡아간 후 고치현에서 두부를 만들게 하였습니다. 이들 조선인 포로들이 만들기 시작한 두부는 단단한 형태의 모두부였는데, 당시 연두부만 있던 일본의 식문화에 큰 영향을 주었습니다. 때문에 일본의 영주들은 조선인 포로들에게만 두부를 만들 수 있는 독점권을 부여하였고, 지금도 '간기唐人 두부'라는 상표로 일본 전역으로 팔려 나가 다양한 요리에 활용되고 있습니다. 19세기 초에는 두부가 아시아를 벗어나 유럽과 아프리카, 아메리카에까지 널리 그 이름을 떨쳤습니다.

육식을 주로 하는 서양인들이 동양의 음식에 관심을 가지게 되면서 건강식품이라고 해서 첫손가락으로 꼽은 것이 두부입니다. 그래서 지금은 두부가 세계에 널리 알려진 식품이 되었고 비만증·당뇨병·고혈압 같은 성인병 증가로 채식·자연식·산채 음식들을 찾는 이들이 늘어나면서 두부의 수요도 늘어나고 있습니다.

한국전쟁 당시 피난민들의 음식

1945년 8월 15일 해방의 벅찬 감격이 채 가시기도 전에 한국전쟁이 일어났습니다. 이 전쟁으로 남북한 모두 엄청난 피해와 상처를 받았습니다. 많은 사람이 오랜 시간 고향을 떠나 피난하는 동안 고향의 음식이 피난처의 음식과 결합하였고 일부는 특수한 조리법으로 변형되어 새로운 요리가 되었습니다. 그중 대표적인 음식이 '부산돼지국밥'과 '부산밀면', '장충동돼지

돼지국밥

한국전쟁 중에 생겨난 돼지국밥은 돼지고기를 즐겨 먹는 중국과 지리적으로 가까운 북한 실향민들이 즐겨 했던 음식이었습니다.

족발'입니다.

먼저 부산의 돼지국밥의 경우, 최초 유래에 대해 여러 의견이 있지만, 대체로 돼지국밥의 형태가 돼지뼈를 곤 육수에 편육과 밥을 넣고 간을 해서 먹는, 부산의 향토 음식이라는 점에는 이견이 없습니다.

부산 돼지국밥의 유래는 많은데, 그중 하나는 전쟁 당시 부산 지역에서 돼지를 미군에 납품할 용도로 많이 키웠다는 이야기입니다. 미군들은 돼지고기 살코기만 먹었기 때문에 뼈다귀와 부산물 등은 부대 밖으로 유통되었습니다. 돼지뼈를 활용해 육수를 내고 거기에 돼지고기를 넣어 국을 끓인, 마치 설렁탕을 흉내 낸 것이 오늘날 돼지국밥이 된 것으로 추측할 수 있습니다. 다른 하나는 "북한 지역에서 내려온 피난민들에 의해 북한 지역의 향토 음식이던 순대국밥이 유입되었고, 1960년대 이후 순대가 귀해져 순대를 대신하여 편육을 넣어 현재의 형태로 변형되었다"라는 설(1952년에 개업한 부산 돼지국밥의 원조로 일컬어지는 '하동집' 주인의 말)입니다. 어느 것이 진짜 돼지국밥의 시작인지에 대해 불분명합니다. 다만 비교적 쉽게 구할 수

돼지국밥의 원조

돼지국밥의 원조에 관해 의견이 분분하지만, 오랜 시간이 지난 만큼 원조를 주장해 온 식당이 많습니다. 가게마다 돼지국밥의 겉모양과 재료, 조리 방법, 찬의 종류, 먹는 방법이 다양합니다(출처: 부산일보).

있었던 돼지뼈와 부속물로 대체하여 만들어졌다는 공통점이 있습니다. 어쨌든 돼지국밥은 자생적으로 태어난 향토 음식이라기보다는 전쟁과 피난이라는 혼란한 시대에 태어난 음식으로 보입니다.

두 번째, 부산밀면 역시 그 기원에 대해 정확하게 알려진 바는 없지만 한국전쟁 피난 시절 부산에서 만들어졌다는 것이 정설로 받아들여지고 있습니다. 전통적인 냉면에는 메밀가루로 만든 면을 사용하는 평양냉면과 감자 전분으로 만든 면을 사용하는 함흥냉면(함경도의 농마국수)가 일반적으로 알려져 있습니다. 이 두 재료는 모두 북한 지역에서 생산되던 것들이었습니다.

밀면

밀면은 밀가루와 전분으로 반죽한 면과 돼지고기 수육을 올려 만든 부산 지역의 향토 음식입니다.

북한 지역 출신의 실향민이 고향에서 즐겨 먹던 냉면이 먹고 싶었지만, 냉면의 주재료인 메밀을 부산 지역에선 쉽게 구하기 어려워 당시 구호물자인 밀가루에 감자가루를 섞어 냉면 면발과 비슷하게 면을 뽑아 냉면 대용으로 쫄깃하게 먹기 시작한 것으로 추정됩니다. 부산밀면의 원조로 통하는 1952년 남구 우암동에서 개업한 '내호냉면'도 창업주가 함경도 출신의 실향민이어서 그 기원에 힘을 실어 주고 있습니다. 미국의 구호 밀가루가 대량 유입되면서 부산 지역에는 밀면 이외에도 지금의 부산광역시 북구 구포동 일대에 국수공장들이 들어섰고, 구포시장을 중심으로 이른바 '구포국수'가 피난민의 허기를 달래 준 피난 음식이었다가 현재는 부산의 향토 음식으로 자리 잡았습니다.

마지막으로 장충동돼지족발 이야기로, 장충체육관 일대에는 족발 골목이 자리 잡고 있을 만큼 족발은 장충동을 대표하는 음식으로 여겨집니다. 수많은 장충동 족발 원조 사이에서도 '원조' 타이틀을 건 가게들의 공통점은 모두 한국전쟁 때 북에서 내려온 실향민이 개업한 식당이란 점입니다. 최소 1950년대 말부터 족발을 팔았다고 하니 그 오랜 역사를 가늠할 수 있습니다. 실향민들이 장충동 일대에 정착할 즈음, 이곳에는 일본인들이 살다가 남기고 간 집(적산가옥敵産家屋이라고 하며 우리나라에서는 1945년 해방 후 일본인들이 물러간 뒤 남겨 놓고 간 집이나 건물을 뜻함)이 많았습니다.

많은 실향민이 이곳에 정착해 북한 음식 중 하나인 '돼지 족조림'을 팔았는데, 이 돼지 족조림은 평안도와 황해도 지방에서 결혼식·명절 등 중요한 날에 먹는 대표 음식이었습니다. 족조림 또한 중국 음식인 장육의 영향을 매우 많이 받은 것으로 보입니다. 아무래도 북한이 중국과 지리적으로 가깝다 보니 중국 음식 유입의 통로 역할을 했을 수도 있습니다.실향민들은 족조림을 북한에서 먹던 방식으로 조리하지 않고 조리 과정을 간소화시켜 우

족발

북한 실향민들이 처음 팔기 시작한 이북 음식인 '돼지 족조림'에서 유래한 것이 족발입니다. 족조림은 북한 지역에서 결혼식·명절 등 중요한 날에 먹는 대표 음식이었습니다.

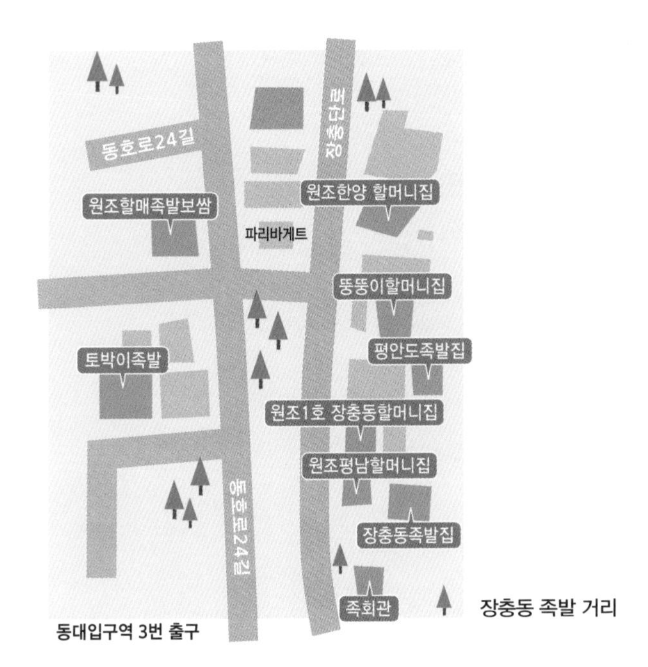

리 입맛에 맞게 만들었는데, 이것이 오늘날 족발의 원조라 여겨집니다.

사람들의 입맛이 시대에 따라 변하다 보니, 양념의 맛과 단맛이 점점 강해지는 특징을 보였습니다. 아무래도 이러한 입맛의 변화에 맞추어 조리법도 영향을 받은 듯 보입니다. 이에 반해 원조를 표방하는 오래된 가게들은 담백한 맛이 특징이라고 평하기도 합니다. 전쟁의 아픔은 점점 기억에서 사라져 가지만 전쟁이 만든, 전쟁이 남긴 음식은 새로운 문화가 되어 우리 곁에 남아 있습니다.

왜 부산은 어묵이 유명할까?

부산은 우리나라에서 서울 다음으로 큰 대표적인 해양도시이며, 독특한 음식 문화를 지니고 있는 곳입니다. 1876년 일본에 의해 강제 개항된 이후 부산에는 일본과 거래하기 위해 많은 상인들이 몰려들었습니다. 1930년대 중반 이후에는 일본식 건물과 문화의 전파로 '조선을 떠나 일본에 여행 온 듯한 느낌'을 주는 도시로 변모하였습니다. 또한 한국전쟁 같은 역사의 격변기를 거치면서 다양한 지역에서 이주하여 부산에 정착한 사람들은 그들이 떠나온 고향을 잊지 못하고 자신들의 고향의 색깔이 담긴 문화를 '새로운 고향' 부산에 이식시켰습니다.

한 지역을 대표하는 향토 음식은 지리적 특성과 함께 역사성을 지니고 있습니다. 이러한 역사성은 그 지역이 갖는 장소적 특징인 장소성Sense of place과 관련이 있습니다. 향토 음식은 단순히 그 지역에서 만들어지고 향유되는 음식이 아닌 그 지역의 정체성을 대표하는 것입니다. 음식은 문화간 차이를 특징짓고 집단 정체성을 강화하는 수단이 되기도 합니다. 그런 의미에서 '음식이 도시를 형성'한다고 말한 영국의 도시 공간 설계자 캐롤린 스틸Carolyn Steel의 말은 적절한 듯 보입니다. 그렇다면 부산을 대표하는 음식에는 어떤 것이 있을까요? 대표적인 예로 오뎅(어묵이 맞는 표현이지만, 일반적으로 사용하는 사람들의 어감을 살리기 위해서 부분적으로 '오뎅'이란 표현을 사용함)이 있습니다.

어묵과 혼동되는 오뎅은 생선의 살을 으깨어 간을 하고 반죽하여 익힌 식품입니다. 흔히들 '오뎅'이란 표현을 많이 사용하지만 오뎅은 어묵의 잘못된 표현입니다. 사실 일본 음식인 오뎅おでん은 냄비에 뜨거운 국물을 넣고 여기에 어묵, 곤약, 무, 야채 등을 담가 끓여 먹는 일본식 전골 요리의 한 종류입니다. 그래서 오뎅 중에는 어묵이 있을 수도 있고 없을 수도 있습니다. 어묵이 일본어로 '오뎅'이 아닌 것이죠.

일본의 오뎅 요리

사실 우리나라 사람들에게 오뎅 하면 '부산 오뎅'이 생각날 정도로 부산에서는 오뎅이 유명합니다. 하지만 부산 오뎅*의 탄생 배경에는 일본에 의해 강제 침탈된 식민의 역사가 담겨 있습니다. 어묵이란 음식에는 부산의 역사와 함께

* 부산에 소재하는 어묵 회사로는 1953년 삼진어묵, 1963년 미도어묵, 1973년 부산어묵이 있습니다. 본문에서 언급하는 부산어묵은 한 회사를 의미하는 것이 아니라 부산에서 만들어지는 어묵을 통칭하는 의미입니다.

바다와 접해 있는 부산의 지리적 특성이 반영되어 있습니다.

일본의 어묵은 일제강점기에 한국으로 유입되었습니다. 일제강점기 부산에는 수산물을 가공·판매·보관하는 회사들이 많이 있었다고 합니다. 그리고 일본인에 의한 수산업이 활기를 띠고 일본인 수가 늘어나면서 현재 부산의 영도와 부평동 일대에 어묵 공장이 많이 들어서게 되었습니다. 1950년대 영도는 인근의 수산 시장이 활기를 띠어 어묵 제조에 필요한 기초 재료 수급을 저렴하고 안정적으로 가져갈 수 있었습니다. 또한 한국전쟁으로 많은 피난민이 부산으로 유입되어 급격히 인구가 증가했고, 이는 어묵 수요의 획기적인 증대로 이어졌습니다. 한국전쟁 전 약 47만 명이었던 부산의 인구는 1951년에 약 84만 명으로 크게 증가하였으며, 1955년에 100만 명을 넘어, 1960년대 중반에는 150만 명으로 늘었습니다. 그 사이 1950년대 후반에 원양어업이 본격적으로 이루어지면서 해안 인근뿐 아니라 먼바다에서도 수산물을 풍부하게 확보할 수 있었습니다. 수산물의 부가 가치를 증대하기 위해 수산물 가공업이 발전하면서 어묵 산업도 함께 성장하였습니다. 이

한국의 길거리에서 파는 어묵

후 '부산어묵'이라는 지역 브랜드가 생겨나면서 어묵은 부산의 대표 음식으로 자리 잡게 되었습니다.

오늘날의 어묵은 1400년대 일본의 무로마치 막부시대에 처음 만들어졌으며, 한국에는 17세기 부산의 왜관(조선시대 일본인이 조선에 와서 통상업무를 보던 곳으로, 외교과 무역의 중심지 역할을 하던 공간)에 전파되었습니다. 어묵의 탄생 배경에는 일제강점의 아픈 역사와 한국전쟁 이후 급격한 인구 증가 및 수산업의 발달 등 부산의 지리적 배경이 담겨 있습니다. 따라서 현재의 부산어묵은 부산의 지역적 특색과 함께 발전해 온 부산의 대표적 음식으로 이해할 수 있습니다.

활어회와 사시미의 차이?

현재 일반 대중들이 즐겨 먹는 '활어회'는 부산어묵과 함께 일제강점의 역사와 부산 발전의 역사가 담겨 있는 음식입니다. 부산은 일본과 가까워 교류가 많았습니다. 활어회는 조선시대 때는 왜의 사신들을 접대하기 위한 음식으로 밥상 위에 올랐고, 일제강점기 이후 일본식 문화의 전파로 일반 대중들에게도 보편화되기 시작하였습니다. 일반적으로 회膾는 고기나 생선을 날로 썰어서 먹거나 살짝 데쳐서 먹는 음식을 의미합니다. 그런데 우리가 즐겨 먹는 '활어회'와 일본의 '사시미'는 다르지요. 활어회는 수족관에서 살아 있는 생선으로 만든 것으로 식감이 쫄깃한 반면, 일본의 사시미는 하루에서 3일 정도 숙성시킨 선어鮮魚로 만들어 식감이 부드러워 맛의 차이가 큽니다. 이는 한국과 일본인의 맛에 대한 선호도의 차이가 반영된 것이지요. 우리가 즐겨 먹는 회는 광어나 우럭 같은 쫄깃한 식감의 흰 살 생선이 주이지만, 일본인들은 참치 같은 부드러운 붉은 살 생선을 좋아합니다. 즐기는 방법에 있어서도 한국인은 고추장, 마늘, 고추, 깻잎과 함께 먹지만, 일본인은 와사비를 곁들여 간장에 찍어 먹습니다. 이처럼 우리의 '활어회'와 일본의 '사시미'는 비슷해 보이지만 다릅니다.

중국에는 한국 짜장면이 없다

우리나라에서 가장 서민적이고 대중적인 음식 중 하나인 짜장면은 오랫동안 국민들이 손쉽게 접해 왔던 음식입니다. 1980년대 유년 시절을 보낸

일반인들이 즐겨 먹는 짜장면 한 그릇의 가격은 해마다 상승하고 있습니다. 소비자 물가지수에 따르면 1970년 대비 짜장면의 가격은 대략 60배 이상 상승한 것으로 발표되었습니다(출처: '통계로 시간여행' 누리집).

사람에게 짜장면은 한 그릇에 500~1,000원밖에 되지 않는, 손쉽게 사 먹을 수 있는 음식이었습니다. 지금은 물가가 많이 올라 짜장면 한 그릇 가격이 8,000~10,000원에 가깝지만, 아직도 서민들에게는 매우 친숙한 음식 가운데 하나입니다.

중국집 대표 요리 격인 짜장면의 사전적 정의는 '중국식 장을 볶아 면과 함께 먹는 음식'으로 그 유래를 중국에서 찾을 수 있습니다. 짜장면의 중국식 이름은 '작장면炸醬面'으로 '炸(작)'은 볶는다, '醬(장)'은 중국식 된장인 춘장*을 뜻하므로, 작장면은 '볶은 춘장 비빔국수' 정도로 이해하면 될 듯합니다. 2011년 미국 오바마 대통령이 중국을 방문하여 먹었던 중국식 짜장면이 근래에 회자되어 중국인들에게도 유명세를 가진 적이 있었는데, 바로 그것이 중국 본토의 짜장면입니다.

중국 본토의 짜장면은 춘장의 향신료 맛이 강하고, 우리나라 짜장면과 달리 차갑게 나오는 비빔국수에 가까운 요리라고 볼 수 있습니다. 중국에서도

중국 베이징 짜장면과 우리나라 짜장면 형태

중국 자장면은 면장을 국수에 비벼 먹는, 쉽게 말해 춘장 막국수 형태입니다. 반면 우리나라는 캐러멜을 가미한 춘장을 볶아 먹는 짜장면의 형태입니다.

---

* 춘장은 불리고 삶은 콩에 밀, 소금을 섞어 발효시킨 까만색 장류의 일종입니다.

그다지 대중적이지 않았던 짜장면은 맛과 모양 면에서도 한국인의 입맛을 쉽게 사로잡기는 어려웠을 것으로 보입니다. 그렇다면 중국에서 건너온 짜장면이 한국인의 입맛을 사로잡게 된 계기는 무엇일까요?

중국인들이 1882년 임오군란 이후부터 한반도에 본격적으로 진출하기 시작하면서 중국의 음식 문화도 자연스럽게 유입되었습니다. 특히 1884년 청나라 조계지*가 인천항 부근에 설정되면서 본격적으로 화교들이 이주하여 이 지역에 정착하였습니다. 그리고 청나라가 조선에 진출하면서 인천과 지리적으로 인접한 산둥 지역에서 건너온 부두 근로자들이 인천항 부둣가에서 간단히 끼니를 때울 요량으로 춘장에 국수를 비벼 먹던 것을 오늘날 한국식 짜장면의 시작으로 보고 있습니다. 이처럼 산둥성 이민자들의 향수를 달래 주던 짜장면이 초기 노동자 중심으로 전파되다가 차츰 한국인들에게도 그 맛이 알려지게 되었습니다. 이후 청나라 조계지를 중심으로 짜장면을 만들어 파는 중식 음식점이 많이 생겼는데, 흔히 '원조 짜장면집'으로 알려진 공화춘은 1905년에 문을 연 후에 짜장면을 식당 메뉴로 처음 선보였습니다. 공화춘은 일제강점기 중국 음식의 대명사처럼 불리게 되었고 고급 음식점으로 분류되어 한국인들의 입맛을 파고들었습니다. 이후 한국인 손님들도 짜장면을 맛보게 되었는데, 물론 지금 대중에게 익숙한 단맛을 내는 짜장면과는 거리가 먼 중국 전통식 짜장면에 가까웠을 것으로 추정됩니다.

지금 우리에게 익숙한 짜장면의 맛은 1940년대 후반에 만들어졌다고 볼 수 있습니다. 한국식 춘장은 단맛을 깊게 내도록 춘장에 캐러멜을 섞어서

* 조계租界라는 것은 본래 청나라에 제국주의 국가들의 침략으로 불평등조약이 체결된 결과로 빚어진, 외국인이 행정자치권이나 치외법권을 가지고 거주한 조차지를 말합니다.

만들었습니다. 물을 많이 넣어 춘장 특유의 독특한 향은 줄이고 캐러멜과 양파를 듬뿍 넣어 단맛을 더욱 높였습니다. 이러한 춘장의 달콤함 맛은 기존의 중국식 춘장과는 확연히 달라서 짜장면이 대중적으로 인기를 끌게 되었습니다.

한반도에 진출한 화교는 짜장면을 대중화하는 데 기여했지만, 해방 이후 화교의 수는 급격하게 줄어들었습니다. 해방 후 남북이 분단되고 중국이 공산화되어 한국과 중국의 국교 단절로 이어지는 정치 상황에 놓이자 화교는 우리나라를 떠날 수밖에 없었습니다. 한국전쟁을 거치면서 우리나라를 떠

짜장면 박물관, 공화춘

우리나라에 처음으로 짜장면을 메뉴로 선보인 최초의 중국집인 '공화춘共和春'은 과거 청나라 조계지 내에 위치한 건물로 현재는 짜장면 박물관으로 이용되고 있습니다(출처: 위키피디아).

나는 화교는 더 늘어났고, 한국 정부가 화교의 재산권 행사를 제약하면서 더 감소했습니다. 얼마 남지 않은 화교는 재산권 행사의 제약으로 큰 사업을 할 수가 없게 되자 작은 식당을 열고 요리가 아닌 끼니 음식을 내기 시작했는데, 당시 미국의 무상원조로 지원된 밀가루를 이용한 저렴한 국수가 주요 메뉴로 등장하였습니다. 캐러멜이 혼합된 춘장이 등장하면서 짜장면을 만드는 원가는 떨어지고 일은 더 쉬워졌습니다. 게다가 1960년대에 들어 농업기술의 발달로 양파가 대량 생산되어 짜장면의 맛은 획기적으로 바뀌었습니다. 동시에 정부의 혼분식 장려 운동은 짜장면을 더욱 대중적인 음식으로 만드는 역할을 하였습니다.

시장에서 빠른 인기를 얻는 탓에 화교뿐 아니라 한국인 요리사도 짜장면 시장에 뛰어들어 한국인의 다양한 입맛에 맞춰 지역별로 다양한 짜장면이 만들어졌습니다. 중국 요리점을 중심으로 하루에 백만 그릇 정도를 만들어 팔 정도로 대중적인 인기를 얻게 되자 짜장면을 이용 다양한 음식들이 생겨났습니다. 쟁반짜장, 간짜장, 유니짜장, 삼선짜장 등 짜장이 기본으로 들어가는 재료와 형태를 변형시킨 다양한 짜장면들이 파생되었고, 심지어 떡볶이, 돈가스, 오므라이스 등 다양한 음식과 결합된 새로운 형태의 퓨전짜장 요리도 등장하면서 그 수요 또한 점차 증가하고 있습니다. 게다가 한국 내 빠른 배달 문화는 짜장면의 인기가 식지 않도록 하는 데 일조하였습니다. 중국집 배달 문화는 가정과 직장은 물론 유원지나 콘서트장 등 때와 장소를 가리지 않고 어디든 배달이 가능하게 만들었습니다. 이처럼 중국에 기원을 둔 짜장면이 본국보다 더 많은 인기를 누릴 수 있었던 것은 한국인의 입맛에 맞춰 재탄생한 결과라고 볼 수 있습니다.

메이지 유신과 스키야키

역사적으로 중세 말까지 유럽의 문명 수준은 낮은 편이었습니다. 화약, 나침반, 제지술 등의 기술이 모두 중국에서 시작된 것을 보면 과거 세계의 과학기술을 선도한 지역은 중국을 중심으로 하는 동양이라는 것을 알 수 있습니다. 그런데 유럽이 어떻게 근대에 접어들어 동양을 추월할 수 있었을까요? 많은 이유가 있지만 그중 하나가 육식의 증가입니다. 근대 초 서양인들의 육식 증가는 영양 상태의 향상으로 이어졌고, 그로 인해 사람들의 건강 상태가 개선되고 힘이 좋아졌습니다. 또 가축의 증가로 인한 배설물 증가는 인공비료가 없던 전근대 시대에 농업에 매우 중요한 요소였으며, 농업생산량 증가로 이어졌습니다. 이는 16~18세기 농업혁명의 중요한 요인이었으며, 서양이 동양보다 더 많은 식량을 생산할 수 있는 원동력이 되었습니다.

1853년 일본의 도쿄만에 페리 제독Matthew Calbraith Perry이 이끄는 미국 함대가 나타나 일본에 조약 체결을 요구했습니다. 이후 일본은 1854년 3월

개항한 일본의 도시

미일화친조약, 1858년 7월 미일수호통상조약을 맺어 하코다테, 니가타, 요코하마, 효고(현재 고베), 나가사키 등을 개항했습니다. 일본은 관세권을 박탈당해 해외 공산품으로부터 자국의 산업을 보호할 수 없게 되었으며, 외국인에게 치외법권을 줌으로써 일본에서 범죄를 저지른 외국인을 처벌할 수 없게 되었습니다. 이로 인해 하급 무사나 농민들의 생활은 힘들어졌습니다. 이러한 사회적 불만은 당시 정부인 막부와 외국인에 대한 배척 운동으로 변했으며, 젊은 하급 무사들을 중심으로 천왕을 받들고 외세를 물리치자는 존왕양이尊王攘夷 사상이 확산되었습니다. 이후 1868년 4월 막부가 무너지고 메이지 정부가 수립되면서 일본 근대화의 시작인 메이지 유신이 시작되었습니다. 메이지 유신을 통한 중앙집권 정부의 목표는 산업혁명과 징병제도를 바탕으로 근대적인 군대를 만드는 것이었습니다. 이를 위해 근대적인 학교 제도의 도입, 강한 병사와 튼튼한 신체를 지닌 노동자를 만드는 것이 중요한 과제였습니다.

18~19세기 일본인들이 서양과 본격적으로 접촉하게 되면서 알게 된 서양인들의 가장 중요한 특징은 고기를 먹는다는 것과 그들의 큰 신장이었습니다. 17~19세기 에도시대 일본 남성의 평균신장은 155.1cm였고, 같은 시기 미국 남성의 평균신장은 173.4cm이었습니다(그래서 일본을 작을 왜矮와 음이 똑같은 '왜倭'로 불렀음). 그들보다 18cm나 큰 서양인을 보고 일본인이 느낀 충격이 얼마나 컸을지 예상됩니다. 미국의 경제학자 그레고리 클라크Gregory Clark는 인종 간의 신장 차이를 일으키는 유전적 결정인자는 피그미족 정도를 제외하곤 존재하지 않는다고 했습니다. 대신 어떤 음식을 먹는지, 즉 식생활이 신장에 영향을 미친다고 봤습니다.

1868년 메이지 유신 이후 본격적으로 근대화에 나선 일본의 정책 입안자들은 서양을 따라잡기 위해서는 서양의 모든 것을 따라 해야 한다고 생각하

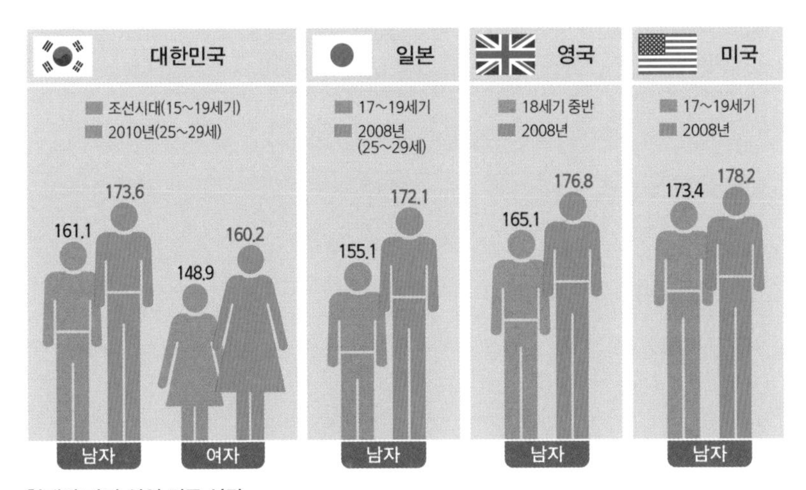

현재와 과거 성인 평균 신장

국내 연구팀이 15~19세기 조선시대 사람들의 평균 키를 유골과 미라를 토대로 추정한 결과입니다(출처: 통계청, 서울대의대, WHO).

였습니다. 특히 서양인들이 많이 먹는 고기가 그들의 건강과 튼튼한 신체, 큰 신장을 만들었다는 것을 알게 되었고, 일본인도 고기를 많이 먹어야 한다고 판단했습니다. 1872년 이후 천왕을 비롯한 지배층들은 소고기 먹는 시범을 보이며, 신문이나 여러 대중 매체를 이용하여 소고기를 먹는 것을 권장하는 운동을 펼쳤습니다. 이때 많이 나온 캐치프레이즈가 "소고기를 먹지 않은 자는 문명인이 아니다"였습니다. 그렇다면 메이지 유신 이전 일본인들은 왜 고기를 먹지 않았던 것일까요?

과거 7세기경 전쟁에서 승리한 오아마大海는 텐무(天武, 631~686) 천왕으로 즉위합니다. 텐무는 불교를 융성시키고자 했습니다. 이에 불교의 가르침을 바탕으로 살생 금지, 육고기 금지 사상에 입각해 소, 말, 개, 원숭이, 닭 등의 육식을 금하는 다음과 같은 칙령을 내렸습니다.

소, 말, 개, 원숭이, 닭은 먹지 말라. 이 밖의 것은 금하지 않는다. 만일 이를 범하는 자가 있으면 처벌하리라.

이것은 최초의 육식 금지령이었습니다. 이 금지령 이후 일본은 1200년 동안 육식에서 멀어져 있었던 것입니다. 그 기나긴 전통을 메이지 유신을 통해 하루아침에 없애 버린 것입니다.

그렇다면 메이지 유신 이전 일본인들은 어떤 음식들을 먹었을까? 에도 막부가 지배하던 시기(1603~1867)에 서민들은 주로 찐빵, 단팥죽, 우동, 메밀국수, 장어덮밥 등과 같은 음식을 즐겨 먹었습니다. 재료는 어패류나 채소류가 대부분이었고, 육고기는 사용되지 않았습니다. 하지만 고기를 전혀 먹지 않았던 것은 아닙니다. 사냥을 하거나 가죽 제품을 만들기 위해 가축을 도살하는 일부 사람들은 육고기를 먹기도 했습니다. 또한 병 치료를 목적으로 육고기를 먹는 것은 인정되었다고 합니다. 그러나 간혹 건강한 사람이 '약용'이라는 핑계로 육고기를 먹는 일도 있었다고 합니다.

메이지 유신을 통해 서양 요리와 육식이 본격적으로 도입되었지만, 그것은 정부와 지식인 계층에서 서민으로, 즉 위에서 아래로의 확산이었습니다. 1872년 메이지 천왕이 앞장서서 육고기 먹는 모습을 공개하며 육식을 장려했지만, 일반 서민들의 식탁에는 좀처럼 고기가 오르지 않았습니다. 그 이유는 첫째, 육고기를 금지한 기간이 1200년이나 된다는 사실과 둘째, 당시 서양의 육고기 요리의 가격이 너무 비쌌다는 점, 셋째, 오랫동안 육고기를 먹지 않았기 때문에 육고기 조리법을 알지 못했으며, 넷째, 육고기 먹는 것을 몸과 마음을 부정하게 하는 행위로 여겼기 때문입니다.

이처럼 일반 서민들은 육식에 대한 저항감이 강했습니다. 그래서 나온 것이 일본식 전골 요리로 과거 일부 사람들이 먹었던 전골 요리에 쇠고기를 넣고 일본인들에게 익숙한 간장이나 된장 등으로 양념해서 끓인 요리입니다. 이 요리가 요즘 사람들이 즐기는 '스키야키'입니다. 메이지 유신 전 막부 말기에는 쇄국 정책을 유지하고 있었습니다. 이런 상황에서 나가사키 같은 개항 지역에서는 네덜란드인과 잦은 교역을 통해 육고기를 활용한 서양 요리가 발달하였습니다. 그 후 요코하마와 고베에도 외국인 거류 지역이 만들어지고 서양 요리를 판매하는 곳이 다수 만들어졌으며, 외국인을 상대로 쇠고기를 판매하게 되면서 일본식 쇠고기 전골(규나베)이나 스키야키를 판매하는 집이 등장하게 되었습니다. 1875년에 이르러 도쿄에서 100개 정도였던 쇠고기 전골 요릿집은 2년 후 558개로 급증했다고 합니다.

그렇다면 '규나베牛鍋'와 '스키야키鋤焼'의 차이점은 무엇일까요? 과거 일본에는 멧돼지 같은 육고기를 이용한 전골 요리가 일부 있었다고 합니다. 그것이 쇠고기 보급 이후 멧돼지 고기 대신 쇠고기를 넣고 된장과 간장 등으로 양념한 전골 요리, 즉 규나베 또는 스키야키로 발전합니다. 그런데 지역마다 약간의 차이가 있습니다. 도쿄를 중심으로 한 간토關東 지역에서는 규나베라고 불렀지만, 오사카·교토·고베 등 간사이關西 지역에서는 스키야키라고 불렀다고 합니다.

그런데 1923년 발생한 관동 대지진 이후 관동 지역에 '간사이 지역 스키야키'가 유입되었습니다. 두 지역 요리의 가장 큰 차이는 간사이 지역 스키야키가 고기를 팬에 굽는 것이라면, 간토 지역 스키야키는 고기를 국물에

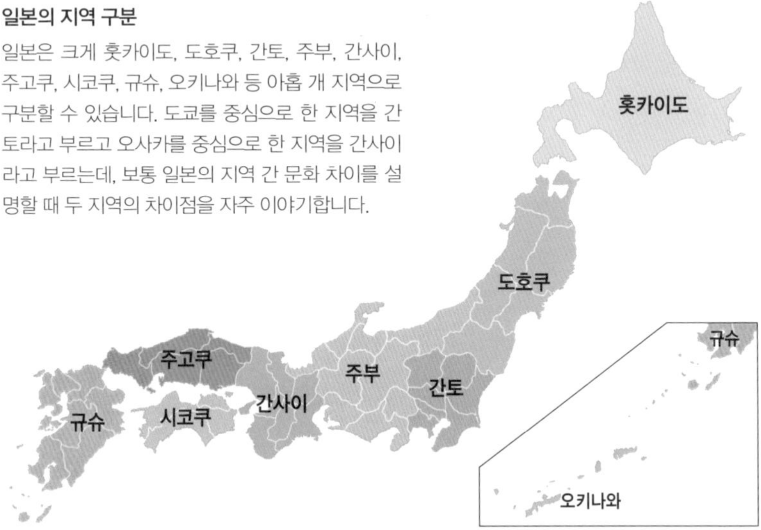

일본의 지역 구분

일본은 크게 홋카이도, 도호쿠, 간토, 주부, 간사이, 주고쿠, 시코쿠, 규슈, 오키나와 등 아홉 개 지역으로 구분할 수 있습니다. 도쿄를 중심으로 한 지역을 간토라고 부르고 오사카를 중심으로 한 지역을 간사이라고 부르는데, 보통 일본의 지역 간 문화 차이를 설명할 때 두 지역의 차이점을 자주 이야기합니다.

간사이 스타일 스키야키와 간토 스타일 스키야키

끓인다는 것입니다. 간사이 지역 스키야키는 국물을 사용하지 않고 야채의 수분으로 조리하기 때문에 간토 지역 스키야키와 비교해 맛이 진한 것이 특징입니다. 현재는 이 두 가지 모두를 스키야키라 부르고 있습니다. 그런데 현재 우리나라에서 일반적으로 이야기하는 스키야키는 간토 지역 스키야키로, 엄밀히 말해 규나베라고 할 수 있습니다. 국물에 야채와 고기를 함께 익혀 먹는 것이 규나베, 고기를 구운 후 야채와 함께 먹는 것이 스키야키였다는 점을 생각하면, 현재 우리가 먹는 스키야키는 뭐라고 부르는 것이 정확할까요?

쌀과 밀의 세계

흔히들 '세계 3대 곡물' 하면 쌀, 밀, 옥수수를 언급합니다. 그런데 신기하게도 이 세 가지 곡물의 주요 생산 지역은 뚜렷하게 구분되기도 합니다. 밀은 유럽, 옥수수는 아메리카, 쌀은 아시아에서 주로 생산됩니다. 밀과 옥수수는 생산 지역과 소비 지역 간의 차이가 있어 국제무역량이 많은 편이지만, 쌀은 주요 생산 지역과 소비 지역이 일치해 국제무역량이 적은 편입니다. 사실 쌀은 아시아 국가의 역사를 이야기할 때 매우 중요한 작물입니다. 아시아의 특징이라고 할 수 있는 가족주의와 마을공동체의 중요성 등도 쌀과 관련해서 설명할 정도입니다. 따라서 쌀은 아시아의 보편적이고 공통적인 특징을 설명할 때 가장 중요한 물질적 토대로 볼 수 있습니다.

특히 쌀은 밀과 비교해 두 가지 특징이 있습니다. 첫째, 단위 면적당 생산량이 높습니다(단위 면적당 생산량은 쌀, 밀, 옥수수 중 옥수수가 가장 높음). 둘째, 높은 노동 흡수 능력입니다. 다른 곡물에 비해 노동력 투입에 따

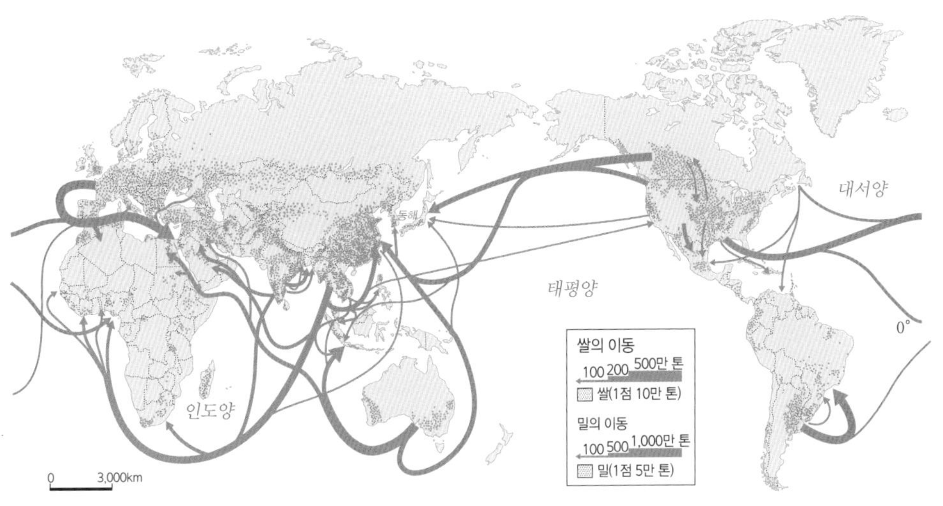

쌀과 밀의 생산 지역과 이동

쌀은 중국, 인도 등 아시아 지역에서, 밀은 유럽과 북아메리카 지역에서 주로 생산됩니다. 쌀은 주요 생산 지역과 소비 지역이 일치해 국제 이동량이 밀에 비해 적은 편입니다.

른 곡물 생산량 증가율이 매우 높은 편입니다. 이는 쌀은 밀에 비해 열심히 일한 만큼 생산량이 높아진다는 것을 의미합니다. 따라서 벼농사 지역은 밀농사 지역보다 같은 면적의 땅에서 더 많은 사람이 살 수 있었습니다. 그럼 쌀이 밀보다 생산성이 높은 이유는 무엇 때문일까요? 쌀의 높은 생산력은 벼의 독특한 생육조건 때문입니다. 벼는 연꽃과 같은 수생식물이 아니지만, 뿌리가 물 밑에서 자랄 수 있는 독특한 식물입니다. 물속에서 자라기 때문에 농사의 가장 큰 어려움인 잡초 제거에 많은 시간을 들이지 않아도 됩니다. 또 논에서 자라는 양치식물에 붙어 있는 미생물을 통해 공기 중 질소를 양분으로 사용할 수 있다고 합니다. 질소는 식물의 생장에 큰 영향을 미치는 성분입니다. 그래서 쌀은 다른 볏과 식물인 밀이나 보리 등에 비해 높은

쌀 밀 보리 옥수수

수확량을 가질 수 있게 되었습니다.

밀이 주식인 유럽의 경우 아시아의 벼농사 지역과 비교해 위도가 높은 편입니다. 유럽은 편서풍의 영향을 받아 연중 비가 내려 습윤한 서안 해양성 기후가 나타납니다. 이 기후에서는 풀이 잘 자라 전통적으로 유럽에서는 목축업이 발달했습니다. 밀은 단위 면적당 생산력이 쌀에 비해 낮아 밀을 주식으로 하는 지역에서는 강력한 왕권을 중심으로 하는 국가 탄생이 매우 늦었습니다. 유럽의 유명한 작곡가인 하이든과 모차르트가 활동하던 18세기 무렵, 유럽은 약 1,000개 정도의 정치적으로 독립된 소규모 국가로 분열되어 있었습니다. 반면 쌀의 높은 생산성을 통해 자본 축적이 가능했던 중국에서는 이미 기원전 221년 자신을 '황제'로 칭한 진시황이 등장하였고 군소 국가들을 정복해 최초의 중앙집권적인 통일 국가를 만들었습니다. 이후 중국의 황제들은 절대권력을 휘둘렀습니다. 중국의 황제는 신해혁명이 일어난 1911년까지 존재했습니다. 쌀의 높은 생산력 덕에 쌀을 재배하는 지역에는 사람이 몰리게 되고 도시가 발달했으며, 다른 지역보다 빠르게 중앙집권적인 국가가 성립할 수 있었습니다. 종이, 화약, 나침반, 인쇄술 같은 '세계 4대 발명품'이 모두 중국에서 시작된 것도 우연이 아닐 것입니다. 중국은 이미 1500년경 인구가 1억을 넘었고, 인도 역시 비슷한 시기에 인구가 1억 1,000만에 달했다고 합니다. 반면 당시 영국, 프랑스, 스페인 등 유럽 국가에 사는 사람들은 다 합쳐도 약 6,000만 명이 되지 않았다는 점을 감안하면 상당한 차이를 보입니다.

그러나 쌀의 높은 생산력은 중국이 근대 국가로 발전하는 데 더뎠던 원인이 되기도 했습니다. 실제로 쌀을 주식으로 하는 아시아 국가들은 유럽보다 산업화와 민주화가 다소 늦었습니다. 쌀이 주식인 우리나라도 예외는

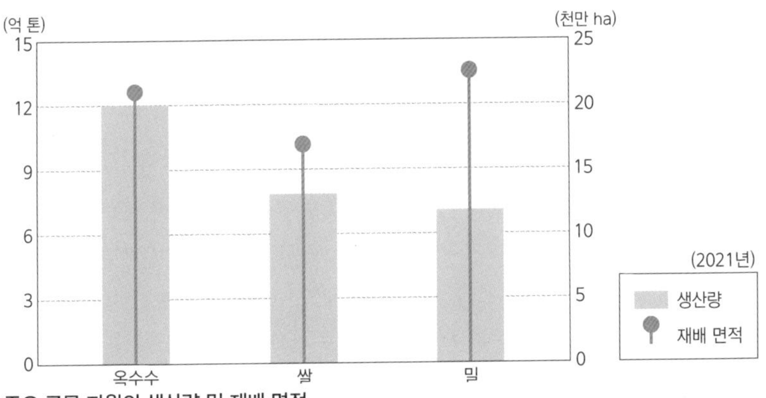

주요 곡물 자원의 생산량 및 재배 면적

생산량은 옥수수가 가장 많으며, 재배 면적은 밀이 가장 넓습니다. 단위 면적당 생산량은 옥수수, 쌀, 밀 순서로 높게 나타나고 있습니다(출처: 유엔세계식량농업기구).

아니었습니다. '경제학의 아버지'로 불리는 영국의 애덤 스미스Adam Smith는 1776년 『국부론』에서 "농업 생산력이 높은 중국은 자연스럽게 국부國富가 증진됐지만, 토지에서 나오는 잉여 생산물에 만족해서 법·제도 개선과 대외무역을 등한시했다"라고 말했습니다. 많은 경제학자가 서양에서 동양과 같은 중앙집권적이며 절대적인 권한을 가진 절대왕정의 발달이 늦은 이유로 낮은 농업 생산성이 있다고 분석하고 있습니다. 그러나 아이러니하게도 이것은 상업과 제조업이 발달하는 요인이 되었습니다. 유럽의 경우 11세기 이후 왕의 간섭을 받지 않는 자치권을 가진 도시들이 생겨나면서 '길드'라고 하는 상인조합의 활동으로 도시가 성장했습니다. 도시들은 활발하게 무역하면서 힘을 키워 이웃 도시와 동맹을 맺어 왕과 전쟁을 벌이기도 했습니다. 이 같은 도시들은 이후 유럽의 중세 봉건제를 무너뜨리고 자본주의와 민주주의를 성장시키는 큰 힘이 되었습니다.

쌀과 밀 문화를 모두 가진 중국과 인도!

중국과 인도는 기본적으로 쌀이 주식인 아시아 국가이지만, 쌀뿐만 아니라 밀의 생산량도 매우 많은 국가입니다. 중국과 인도는 내부적으로 쌀과 밀 문화 지역으로 구분할 수 있습니다. 중국에서 북방 사람들은 면을 선호하고, 남방 사람들은 주로 밥을 먹습니다. 교자餃子는 물론, 빵이나 다양한 면 요리는 북방의 전통이며, 남방 사람들은 볶음밥을 많이 먹습니다. 인도 역시 전체적으로는 쌀이 주식이지만 인도 북서부 건조한 라자스탄 지역은 밀이 주식입니다. 라자스탄의 음식 문화에서는 쌀을 거의 찾아보기 힘듭니다. 중국에서 밥과 면이 음식 문화를 양분하듯, 인도에서는 밥와 밀가루로 만든 난nann이 음식 문화를 양분하고 있습니다.

영국과 프랑스 100년 전쟁의 서막, 와인전쟁

와인은 꽤 오랜 역사와 문화가 깃든 음료입니다. 인류가 언제부터 와인을 만들어 먹게 되었는지 그 역사가 정확히 알려지지 않았습니다. 다만 학계에서는 유물이나 벽화 등을 통해 인류가 처음으로 입을 댄 음료라고 추정하고 있습니다.

우리가 와인을 오래전부터 사랑하게 된 이유는 와인이 지닌 맛과 영양 성분 그리고 기분 좋게 취하게 만드는 효과 때문일 것입니다. 와인은 넓은 의미로 과일을 발효하여 만든 알콜음료를 지칭하지만, 프랑스어로는 vin(뱅), 이탈리아·스페인어로는 vino(비노)라고 하여 천연과일인 순수 포도만을 원료로 발효시켜 만든 포도주를 가리키는 경우가 많습니다. 어원 자체가 '포도나무로부터 만든 술'이라는 의미의 라틴어 vinum(비넘)에서 유래했다고 합니다.

와인 제조에 사용되는 포도의 원산지는 카스피해와 흑해 연안, 캅카스 지역으로 알려져 있습니다. 캅카스의 영어식 지명은 코카서스라고 하는데, 이는 오늘날 조지아, 아르메니아, 아제르바이잔 3개 국가가 분포하는 곳과 대체로 일치합니다. 이 지역에서 기원전 6000년경 포도씨가 처음 발견된 사실로 보아 이 지역에서 사람 손으로 처음 포도가 재배되었고 와인을 제조하여 마셨을 것으로 추정합니다.

이후 와인은 메소포타미아 지역과 이집트, 그리스를 거쳐 기원전 8세기경에는 고대 로마제국 전역으로 퍼져 나가게 됩니다. 지중해 패권을 둘러싸고

캅카스 지역 포도밭

포도는 과즙이 풍부하고 향미가 좋아 와인 원료로 널리 이용됩니다. 건조하고 일사량이 많으며 일교차가 큰 기후조건에서 잘 재배되어서, 유럽 지중해 연안 국가 대부분이 포도를 대량으로 재배하고 있습니다.

로마는 카르타고와 포에니 전쟁을 벌여 승리한 후 당대 최고의 포도 농업 관련 서적을 전리품으로 챙기게 되는데, 이는 로마의 와인산업 발전에 결정적인 영향을 미치게 됩니다. 기세가 오른 로마는 이후 프랑스와 영국, 독일의 라인강 유역까지 정복했고, 튀르키예와 아라비아반도, 북아프리카 일부 지역에까지 진출해 마침내 대제국을 건설하였습니다. 로마군은 정복지를 넓히면서 포에니 전쟁에서 획득한 농업 기술서를 바탕으로 식량과 식수 문제를 해결하기 위해 숲을 개간하고 그 자리에 포도숲을 일구었습니다. 또한 정복전쟁 초기에는 로마군도 와인을 토기인 암포라 단지에 담아 힘들게 전쟁터로 직접 수송하였지만, 정복지가 방대해지고 주둔 기간이 길어지면서 와인을 현지 직접 조달하는 방식으로 바꾸게 됩니다. 그리고 오늘날 프

와인 전파

와인 양조는 흑해와 카스피해 분지 사이에 있는 남캅카스에서 신석기 시대(기원전 7000~6000년경)에 출현했으며 이후 이베리아반도와 서유럽으로 전파되었습니다.

랑스인의 조상인 갈리아인으로부터는 와인을 저장하는 오크통 제조기술을 획득하기도 합니다. 프랑스, 독일, 오스트리아 지역까지 와인을 전파했으니 로마제국 개척의 역사가 곧 유럽 와인의 시작이라고 볼 수 있습니다.

이러한 지리적 전파 과정을 보면 여름이 고온건조한 지중해성 기후가 나타나는 지역과 대체로 일치합니다. 지중해성 기후는 쾨펜의 기후 구분으로 온대 하계 건조 기후라고 합니다. 우리나라의 여름과 사뭇 다른, 여름이 매우 고온건조한 기후로 지중해 연안 남북위 30~45° 부근에 집중적으로 나타납니다. 여름이 고온건조하면 식물이 자라는 데 어려움을 겪지 않을까 생각할 수 있지만, 포도는 여타 식물과 달리 지하 심층부에 저장된 물을 빨아올릴 수 있는 심층뿌리 체계를 발달시켜 왔기 때문에 여름의 건조 기후에 잘 적응할 수 있었던 것입니다. 아마도 포도의 단맛을 유지하는 데 이러한 기후조건이 큰 영향을 미쳤을 것으로 생각됩니다. 프랑스, 이탈리아, 스페인, 포르투갈, 그리스 등 남유럽 지중해 연안 국가들이 와인 문화권을 형성하게 된 이유는 바로 이런 기후 특성에서 비롯된 것이라고 볼 수 있습니다.

와인 제조에 사용되는 양조용 포도는 식용 포도와는 다르게 껍질이 두껍고 당도가 높은 것이 특징입니다. 와인은 제조과정에서 물이 전혀 첨가되지 않은 대신 유기산과 무기질 등 포도 성분이 그대로 살아 있는 술입니다. 따라서 와인의 주된 원료인 포도가 재배된 환경과 양조법에 따라 와인의 맛을 결정합니다. 중세시대로 접어들면서 와인은 제조기술과 보관 및 운송기술의 발달, 교회의 미사용으로 그 중요성이 강조되면서 크리스트교 문화와 함께 비약적으로 발전합니다. 대형 와인공장이 세워지고 상업용 와인 역시 본격적으로 판매되었습니다.

이탈리아의 마리노 포도 축제 Marino Grape Festival
북유럽의 위스키 문화권이나 중부유럽의 맥주 문화권과는 달리, 남유럽의 와인 문화권에서는 식사 때 와인을 항상 곁들이고 있습니다(출처: 위키피디아).

한편, 대중적인 인기를 넘어서 와인을 둘러싸고 국가 간 전쟁을 벌인 사례도 있습니다. 프랑스의 남서부에 위치한 가스코뉴 지방은 예로부터 질 좋은 와인 생산지로서 명성을 얻은 곳입니다. 이곳에서 생산된 '가스코뉴' 와인은 최상품으로 인정받고 있습니다. 이 지역은 중세시대에 아키텐 공국에 속한 지역이었는데, 우연히 잉글랜드의 영토가 되어 버립니다. 프랑스 입장에서는 눈앞의 영토를 빼앗긴 기분이었겠지만, 아키텐 공국의 백성들 입장에서는 이 지역에서 생산된 와인을 잉글랜드 및 주변 국가로 수출할 수 있는 기회가 주어져 호황을 맞게 됩니다. 잉글랜드가 보르도 와인의 최대 소비지가 되면서 잉글랜드인들에게 품질을 인정받게 되자 보르도는 세계적인 와인 산지로 명성을 쌓게 됩니다. 프랑스는 어떻게든 가스코뉴 지방을 되찾기 위해 잉글랜드를 자극하게 되었고, 이것이 곧 그 유명한 백년전쟁의 원인이 됩니다. 잉글랜드가 노르망디 지역으로 출격하면서 전쟁이 시작되었고 약 116년간 전쟁을 벌입니다. 결과적으로는 잔 다르크Jeanne d'Arc(1412~1431)의 활약으로 프랑스가 승리하여 가스코뉴 지방을 되찾습니다. 유럽의 와인 산업의 중심이 프랑스로 넘어온 것입니다. 한편, 프랑스 와인을 구하지 못한 잉글랜드인들은 포르투갈로 넘어와 와인을 생산해야만 했습니다. 하지만 포르투갈에서 잉글랜드까지 긴 여정 속에 와인이 쉽게 상하는 일이 발생하다 보니, 알콜 함량을 높인 와인을 만들게 됩니다. 이렇게 높은 도수를 가진 와인을 '포트와인'이라고 하는데 포트와인은 알코올 도수는 높지만 달콤한 맛이 나 잉글랜드뿐 아니라 세계적으로 유명세를 탑니다. 전쟁을 겪으면서 우연히 탄생하게 된 와인인 것입니다.

버터와 마가린의 역사

버터는 우유 중의 지방을 분리하여 크림을 만들고 이것을 저어 엉기게 한 다음 응고시켜 만든 유제품을 일컫는데, 조미료나 향신료로 쓰이기도 하고 굽거나 볶음 요리 등에 사용하는 고급 식재료입니다. 버터는 주로 소의 젖으로 만들지만 지역에 따라 양, 염소, 버팔로, 야크 등과 같은 포유류의 젖으로도 만들기도 합니다.

버터의 기원은 아마도 인류가 가축을 키우기 시작한 기원전 3000년경 바빌로니아 지역에서 시작된 것으로 알려져 있습니다. 이후 그리스·로마 시대에는 알프스 산지에서 소나 양을 많이 키우면서 나오는 젖으로 버터를 많이 생산하였습니다. 당시에는 지금과는 다르게 완전히 수공업 방식으로 버터를 생산해야 했습니다. 우유를 가죽 주머니에 넣어 흔들며 치는 방식으로 만들었는데, 이러한 방식은 오늘날 히말라야나 아프리카의 일부 지방에서 여전히 활용되고 있습니다. 이처럼 버터를 대량으로 생산하지 못하니 버터

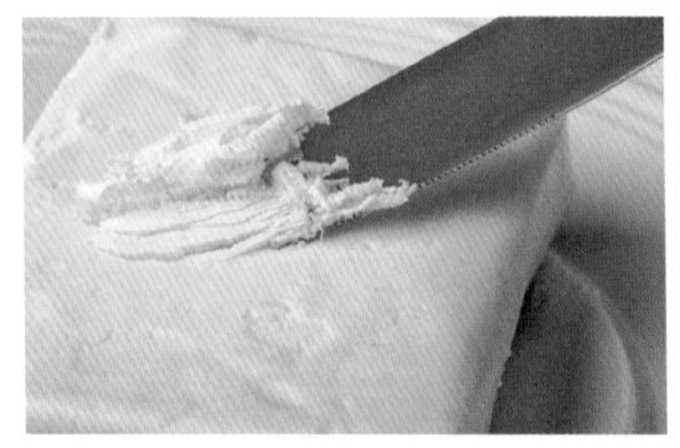

버터와 마가린
스테이크나 토스트를 구울 때 또는 볶음밥 등의 전 세계의 다양한 요리에서 고소한 풍미를 낼 때 사용되며, 다른 기름과 달리 모두 고체 형태를 가지고 있습니다.

의 가격은 매우 비쌌고 중세사람들은 버터를 귀중품으로 여기기도 했기 때문에 버터는 귀족들만 즐길 수 있는 음식이었습니다.

근대에 이르러 버터를 대량 생산할 수 있는 기계가 개발되면서 버터가 대중화가 되었지만, 당시 유럽인들에게 버터는 한 번 맛보면 빠져나올 수가 없는 아주 귀한 음식임에는 틀림없었던 것 같습니다. 하지만 버터는 우유를 주원료로 하다 보니 기계가 발명되었다고 하더라도 상대적으로 가격이 비싸고 음식 특성상 상온에서 오랫동안 보관할 수도 없었습니다. 바로 이 문제를 단숨에 해결한 대체품이 마가린입니다.

프랑스의 이폴리트 메주 무리Mège Mouriès에라는 발명가는 파리에 위치한 한 병원 화학연구소에서 근무하고 있었습니다. 무리에는 거품이 나는 알약, 종이풀, 인공피혁과 설탕을 발명하였을 정도로 당대에 아주 유명한 발명가였습니다. 어느 날 그에게 한 통의 편지가 도착했습니다. "군대와 국민들이 버터 대신 먹을 수 있는 식품을 만들어 달라. 값이 싸고 오랫동안 보관해도 냄새가 나지 않아야 한다." 발신자는 황제인 나폴레옹 3세였습니다.

나폴레옹 3세 황제

나폴레옹 3세 황제가 "군인들과 가난한 사람들을 위해 버터를 대체할 적합한 물질"을 개발하도록 이폴리트 메주 무리에라는 프랑스 화학자에게 서신을 보내면서 마가린의 개발이 시작되었습니다.

황제가 발명가에게 직접 편지를 쓴 이유는 무엇일까요? 당시 프랑스는 크림전쟁과 청나라 출병 그리고 멕시코 원정 등 수많은 전쟁을 벌이던 중이었습니다. 나폴레옹 3세는 출병한 군인들에게 먹일 버터가 절실하게 필요했지만, 당시 버터의 가격이 너무 비싸고 오래 보관할 수 없다는 단점이 있어 황제가 직접 무리에에게 버터를 대체할 새로운 식품을 개발하라는 부탁을 했던 것입니다.

덤으로 대량생산을 통해 일반 서민들도 버터를 쉽게 접할 수 있도록 친히 서신을 보낸 것이었지요. 황제의 편지를 읽고 난 무리에는 즉시 연구에 착수했습니다. 이미 알려진 버터의 제조법 특성만으로는 버터의 대용품을 만들 수가 없을 것이라는 판단하에, 모든 것을 원점에서 연구를 시작해야만 했습니다. 무리에는 오랜 연구 끝에 드디어 1869년 버터를 대체할 식품을 개발했습니다.

마가린을 만든 발명가 이폴리트 메주 무리에

우유가 주원료인 버터와 달리 쇠기름을 주원료로 만들어 낸 대체품이 곧 마가린이었습니다. 깨끗이 씻은 쇠기름에 양에서 추출한 위액을 넣어 지방과 불순물을 분리한 뒤, 우유를 넣어 버터의 맛과 향을 그대로 살렸고 착색제까지 가미하여 버터의 모습과 형태를 그대로 담아냈습니다. 이렇게 개발한 인조버터는 진주빛깔을 띠어 그리스어로 '진주 같은'이란 뜻의 '마가린'이란 이름을 갖게 되었습니다. 마가린을 개발한 공로로 무리에는 마가린에 대한 특허를 취득했고 나폴레옹 3세로부터 훈장과 포상금을 받기까지 했습니다.

마가린은 버터와 지방 함량뿐만 아니라 성상도 아주 비슷하고 음식에 사용하는 방법도 매우 유사합니다. 다만 버터를 대체할 용도이기에 마가린은 주로 식물성 지방을 사용한 것이 가장 큰 차이점입니다. 그리고 1870년, 파리 교외에 최초의 마가린 공장이 세워졌습니다. 마가린 개발 소식이 전해지자 영국·미국·독일 등의 다른 나라에서도 앞다투어 공장을 세웠습니다. 프랑스는 다른 나라에 지지 않으려고 많은 자본을 들여 마가린을 제조하는 대형공장을 세웠고, 연구 끝에 쇠기름과 돼지기름, 야자유 등의 식물기름을 이용해 마가린을 대량 생산하기에 이르렀습니다.

네덜란드 기업의 마가린 광고(1893)

버터가 좋은지 마가린이 좋은지는 식탁 위의 오래된 논쟁 중 하나입니다. 보통 버터의 대체재로 발명된 마가린은 화학제품이기 때문에 버터에 비해 건강에 안 좋다는 인식이 더 많기는 하지만, 한때는 동물성 지방으로 이뤄진 버터가 콜레스테롤을 증가시키고 비만의 주범이라고 알려지면서 버터 대신 마가린을 찾는 사람이 많았습니다. 그러나 최근 식물성 기름의 고체화 과정에서 트랜스 지방(액체 상태인 식물성 지방에 수소를 첨가하여 고체 상태로 만들 때 생겨나는 지방으로 마가린과 쇼트닝과 같은 경화유가 대표적임)이 생성된다는 사실이 밝혀져 마가린에 대한 수요가 급감하고 있습니다. 그래서 제조과정에서 트랜스 지방이 없는 마가린을 개발 중이기도 합니다. 프랑스에서 황제의 부탁으로 개발된 마가린이지만, 실제로 마가린으로 이득을 본 이는 따로 있습니다. 오늘날 유니레버Unilever라는 기업에 합병된 네덜란드의 한 업체Jurgens가 발명가인 무리에의 특허를 샀고, 이 업체는 마가린의 글로벌 매출 증가에 힘입어 식생활용품 업체로 성장해서 큰 수익을 거두었습니다.

영국의 대표 음식이 카레?

일반적으로 생선과 감자를 튀긴 피시 앤 칩스Fish and Chips를 영국의 대표적인 음식으로 알고 있는 사람들이 많습니다. 한국에서 영업하는 영국식 펍Pub에서도 대부분 피시 앤 칩스를 팔고 있습니다. 하지만 영국 사람들은 실제로 피시 앤 칩스를 생각보다 많이 먹지는 않는다고 합니다. 한 자료에 따르면 "100년 전만 해도 영국에는 2만 5,000개의 피시 앤 칩스 가게가 있었지만, 현재 약 1만 개 이하로 줄어들었다"고 합니다. 그렇다면 우리는 왜 영국 하면 생선과 감자를 튀겨 만든 피시 앤 칩스를 떠올리게 된 것일까요?

그 이유는 영국이 역사적으로 오랫동안 기독교의 영향을 받은 국가였다는 사실과 관련이 있습니다. 기독교의 영향을 강하게 받은 지역에서는 금요일마다 고기를 먹지 않는 전통을 갖고 있었는데, 이는 예수가 십자가에 못 박혀 돌아가신 날이 금요일이었기 때문입니다. 기독교인들은 자연히 금요일에는 육식을 피했던 거죠. 하지만 생선은 고기로 생각하지 않았기 때문에

피시 앤 칩스

치킨 티카 마살라

자연스레 금요일은 고기 대신 생선을 먹는 날이 되었다고 합니다. 그리고 생선을 가장 쉽게 먹는 방법을 찾다가 튀겨서 감자튀김과 함께 먹기 시작한 것이 현재의 피시 앤 칩스라고 합니다.

영국 출신 작가 빌 프라이스Bill Price는 『푸드 오디세이』에서 "이제는 카레가 거의 피시 앤 칩스 정도의 국민 음식으로 인식되고 있다"라고 썼습니다. 빌 프라이스가 말한 카레는 '치킨 티카 마살라chicken tikka masala'입니다. '마살라'라는 단어의 느낌도 그렇고 얼핏 이름만 봐서는 전혀 영국 음식 같지 않죠. 이 음식은 인도의 카레curry 중 하나입니다. 인도의 카레가 영국으로 전해진 것은 1772년 무렵입니다. 당시 초대 총독이었던 워런 헤이스팅스Warren Hastings가 인도의 혼합 향신료mixture of spices인 마살라와 쌀을 영국으로 갖고 간 것이 시초였다고 합니다. 당시 다양한 향신료와 풍부한 농산물로 맛을 내는 인도의 음식은 영국의 요리 문화에 큰 충격과 영향을 미쳤다고 합니다. 식민지 기간뿐 아니라 그 후에도 많은 인도인이 영국으로 이주해 인도의 카레와 같은 음식 문화가 영국에 전해지면서 영국 스타일로 뿌리내리게 되었습니다. 처음에는 일부 상류층만 카레를 즐겼지만, 일정한 비율로 조합해 만든 카레 파우더가 대중화되면서 일반 가정에 급속도로 번져 나갔다고 합니다.

현재 영국 사람들이 먹는 카레는 오랜 시간 조리법의 변형을 거쳐 영국인의 입맛에 맞게 변화된 것입니다. 인도에 비해 겨울이 춥고 밤이 긴 영국의 기온 특성으로 카레는 인도의 것보다 좀 더 기름지고 부드러우면서도 끈기 있게 변했습니다. 치킨 티카 마살라도 인도의 카레 중 하나이지만 매운 것을 잘 못 먹는 영국 사람 입맛에 맞게 변형된 음식입니다. 치킨 티카 마살라는 1960년대 영국의 인도 요리점에서 처음 만들어졌다고 알려졌습니다. 인도 음식 '치킨 티카chicken tikka'가 영국인 취향에 맞지 않아 따로 카레 소스를 주문한 데서 비롯되었다고 합니다.

2001년 영국 외무장관이었던 로빈 쿡Robin Cook은 치킨 티카 마살라야말로 진정한 영국의 국민 요리라고 했습니다. 당시 한 연설에서 로빈 쿡은 말했습니다. "치킨 티카 마살라Chicken Tikka Massala는 가장 대중적일 뿐만 아니라 영국이 외부 영향을 흡수하고 적응하는 방식을 완벽하게 보여 주기 때문에 이제 진정한 영국 국민 요리가 되었습니다. 치킨 티카는 인도 요리입니다. 그레이비 소스와 함께 고기를 먹고 싶어 하는 영국인들의 욕구를 충족시키기 위해 마살라 소스가 추가되었습니다. 다문화주의를 우리 경제와 사회에 긍정적인 힘으로 받아들이는 것은 영국다움Britishness에 대한 우리의 이해에 중요한 의미를 가질 것입니다." 아마도 치킨 티카 마살라가 영국의 국민 음식이라고 여겨지는 이유는 다양성과 개방성에 있으며, 이는 로빈 쿡의 말에서도 찾을 수 있습니다.

사실 영국 음식은 맛없는 음식의 대명사로 알려져 있습니다. 영국의 대표적인 음식으로 무엇이 있냐고 질문하면, 영국에 '음식'이라고 할 만한 게 있냐는 대답이 돌아옵니다. 이는 영국 음식에 관한 다양한 농담과 에피소드 때문이었는데요. 자크 시라크Jacques Chirac 전 프랑스 대통령이 러시아를 방문한 자리에서 "영국처럼 요리가 형편없는 나라는 신뢰할 수 없다"라고 말해 논란이 된 적이 있습니다. 콜린 스펜서는 『맛, 그 지적 유혹』에서 영국 음식이 맛없는 이유를 설명했습니다. 첫째는 농업혁명으로 농민의 삶이 어려워지면서 국가 음식의 밑거름이 되는 농가 음식이 쇠락한 점, 둘째는 프랑스 문화를 우대하고 영국 문화를 경시했던 빅토리아 시대의 풍조 때문이라고 했습니다. 셋째로는 중산층이 증가하면서 가정 요리를 담당하는 일손이 부족해져 전반적인 음식 수준이 하락했다고 보았지요. 그러나 아이러니한 것은 현재 전 세계 미식의 중심지로 평가받고 있는 곳이 런던이란 사실입니다. 참 신기하지요.

많은 나라의 다양한 카레

카레curry는 인도의 대표적인 '소스'이자 '음식'을 가리키는 용어입니다. 카레는 남인도의 향신료를 지칭하는 말에서 유래하였습니다. 힌디어로는 '꺼리'라고 발음하기도 합니다. 인도의 대표적인 카레로는 크림과 요거트가 적게 들어가 매운 맛이 나는 '마살라'가 있으며, 버터가 들어간 '마크니', 시금치 같은 녹색 채소가 많이 들어간 '사그' 등이 있습니다. 19세기 영국에서는 인도에서 들여온 카레가 선풍적인 인기를 얻었고, 초기에는 상류사회의 고급 음식으로 통했습니다. 이후 스튜가루처럼 물에 넣기만 하면 되는 카레가루가 나오자 대중적인 인기를 얻게 되었습니다. 일본은 인도가 아닌 영국으로부터 카레를 받아들였습니다. 메이지 시대 영국식 카레 수프와 일본식 덮밥이 결합해 일본화된 것이 현재의 카레 라이스입니다. 그리고 일본의 카레는 한국으로 전파되었습니다.

인도 마크니

일본식 카레

한국식 카레

나라의 역사를 바꾼 차

커피와 차茶가 유럽에 처음 유입되었을 때 유럽인들은 아시아에서 건너온 이 새로운 음료에 열광했습니다. 커피가 차보다 조금 먼저 들어왔는데 유럽에 커피를 소개한 대표적인 나라는 네덜란드와 영국입니다. 이 두 나라가 16~17세기 커피와 차의 주산지인 아시아 지역과의 무역을 주도하고 있었기 때문입니다. 이 시기 네덜란드보다 영국이 커피 문화에 더 열광적이었습니다. 1652년 런던에 최초의 커피하우스가 생겼는데, 이후 17세기 말까지 런던에만 수천 개의 커피하우스가 있었다고 합니다. 그런데 18세기 말이 되면 거짓말처럼 영국에서 커피하우스가 사라져 버립니다. 차가 커피에게 완벽한 승리를 거두고 영국의 대중적인 음료로 확고하게 자리 잡게 된 것이죠. 그렇다면 왜 영국에서는 커피 대신 차가 사랑받게 된 것일까요?

16세기 유럽과 중국 사이에 바닷길을 통한 교역이 활발히 이루어지면서 차가 유입되었습니다. 차와 관련된 일화로 중국의 진시황제와 관련된 것이

나라별 커피와 차 선호도

영국인이 커피를 버리고 차를 선택하게 되면서 영국과 연관된 나라들도 차를 마시게 되었는데, 대표적인 나라가 인도와 미국(독립 전)입니다. 이에 반해서 영국을 제외한 유럽의 거의 모든 국가들, 특히 네덜란드를 중심으로 한 북부 유럽 국가들은 차가 아니라 커피를 선택하였습니다. 커피와 차의 선택에서는 지리적·환경적인 요소보다는 역사적인 요소가 많이 작용하였다고 볼 수 있습니다(출처: Euromonitor International).

유명합니다. 진시황제가 늙지도 죽지도 않게 해 주는 신비한 효과가 있다고 믿으며 복용한 약이 있는데, 그것이 바로 차입니다. 진시황제가 그토록 귀하게 여기던 차가 현대인들은 마음만 먹으면 얼마든지 일상적으로 먹을 수 있다는 것이 참 신기합니다. 차를 유럽으로 처음 소개한 유럽의 선교사들은 차를 “신분이 높은 사람들이 격식을 갖춰 격조 있게 마시는 음료”로 소개했다고 합니다. 또 비슷한 시기 영국의 명예혁명(1688)으로 영국으로 건너가 여왕이 된 메리는 네덜란드에서 마시던 차를 영국에 전했습니다. 덕분에 동양에서 신분이 높은 사람들만 마신다고 알려진 차는 영국 상류층 여성들 사이에 급속도로 퍼져 나가게 되었습니다. 그 후 커피하우스와 같은 '티 가든'이 생겨나면서 자연스럽게 커피하우스의 손님이 줄었고 결국 문을 닫게 되었다고 합니다.

영국에서는 18세기 산업혁명으로 공장의 수와 규모가 거대해졌습니다. 동시에 공장에서 일하는 노동자의 수도 급격히 늘어났으며, 그들은 차츰 하나의 세력을 형성하게 되었습니다. 그런데 이 공장노동자들이 즐겨 마시던 음료가 홍차입니다. 영국에서는 이질균 등 물을 매개로 한 수인성水因性 질병을 늘 조심해야 했습니다. 그래서 공장에서 일하는 노동자들은 물 대신 맥주 같은 알코올 음료를 마셨다고 합니다. 하지만 공장에서 일하는 노동자들이 술에 취해 흐느적거리며 일하는 것은 힘든 일이죠. 그때 그들의 눈에 들어온 것이 바로 홍차였습니다. 차에는 항균 성분이 들어 있고, 무엇보다 끓이지 않은 물로 우려내기만 해도 수인성 질병을 어느 정도 예방해 주는 장점이 있으며, 홍차에 있는 카페인 성분은 졸음을 쫓아내 주고 머리를 맑게 해주는 장점이 있어 크게 유행하게 되었습니다.

중국인들은 차를 아랍과 페르시아뿐만 아니라, 히말라야와 실크로드 주변의 여러 지역에 널리 전파하였습니다. 16세기에 들어서는 유럽에까지 전해지게 되는데, 이때까지 모든 차는 녹차였습니다. 그런데 당시 차는 압축한 덩어리 형태로 가공하였기 때문에 오랜 이동으로 품질이 손상되는 경우가 많았습니다. 이런 이유로 찻잎이 오래 보존되고 운송하기 쉬운 방법을 연구하게 되었으며, 그런 과정에서 홍차가 생산되게 되었습니다. 중국에서는 다양한 차가 개발되어 있었는데 그중 홍차의 원형은 중국 남동부 푸젠성(福建省, 복건성)의 무이차입니다. 중국에서 발효차인 홍차를 제조하기 시작한 것은 1610년 중국 무이산 성촌진 동목촌 일대라고 전해집니다. 과거 동목촌 일대에 군대가 주둔하면서, 그곳에서 차를 만들던 농민들이 쫓겨난 적이 있습니다. 군대가 떠난 이후 돌아온 농민들은 차가 그동안 발효되어 다른 맛과 향이 나는 것을 발견했습니다. 이것이 홍차의 시작으로 알려져 있습니다. 가끔 홍차의 기원으로 영국으로 수출되는 녹차가 오랜 항해 기간 동안 배 안에서 발효가 되었고 우연히 그 차의 맛을 알게 되었다는 설이 있는데, 그건 사실이 아니라고 합니다. 영국에서 1720년대 후반 정도에는 수입차의 45%만이 홍차였지만, 30년 후인 1750년대 말~1760년대 초에는 66%로 증가하였고, 18세기 중엽부터는 홍차가 주종을 이루게 되어 현재 영국은 홍차의 나라로 불리게 되었습니다.

포트넘 앤 메이슨의 홍차

포트넘 앤 메이슨Fortnum & Mason은 18세기 초 만들어진 영국의 백화점으로 홍차 브랜드로도 유명합니다(출처: Fortnum & Mason 홈페이지).

차는 세계 역사의 현장을 누비고 다닙니다. 그중 한 곳이 바로 미국입니다. 과거 영국이 미국을 식민 지배하던 시기 영국은 전쟁으로 막대한 비용을 감당해야 했습니다. 이에 영국은 식민지에서 세금을 거두어 부족한 금액을 보충하려 했습니다. 대표적인 상품이 바로 차였습니다. 17세기 초 미국은 네덜란드 식민지였습니다. 이 영향으로 상류층 사이에서 홍차가 크게 유행했습니다. 이후 미국은 영국의 식민지가 되었으나 홍차를 마시던 습관은 여전히 남아 있었습니다. 1773년 미국인들은 영국이 차에 부과하는 세금을 피하기 위해 네덜란드에서 차를 밀수하는 꼼수를 부렸습니다. 그러나 영국은 법을 제정하여 미국의 차 밀수를 엄격히 단속했다고 합니다. 영국의 강압적인 제제에 분노한 미국인들은 보스턴 항구에 정박해 있던 배를 습격해 차 상자를 모조리 바다에 던져 버렸습니다. 1773년 12월의 일이었습니다. 이것이 바로 그 유명한 '보스턴 차 사건Boston Tea Party'입니다.

그런데 사실 보스턴 차 사건의 중요한 원인은 다른 곳에 있습니다. 당시 영국의 동인도 회사는 많은 양의 차를 중국으로부터 구입하여 미국에 판매

나다니엘 커리어 Nathaniel Currier**의 〈보스턴 항구에서의 차 파기**The Destruction of Tea at Boston Harbor**〉(1846)**
보스턴 차 사건은 미국인들이 커피를 즐기게 된 결정적 계기가 되었습니다.

하였습니다. 그런데 1770년경에 경영 부실과 미국의 차 밀수로 인해 파산 위기에 직면해 있었으며, 창고에는 판매하지 못한 차가 1,700만 파운드나 쌓여 있었다고 합니다. 그런데 당시 이 회사의 주요 주주들이 영국의회의 의원들이었다고 합니다. 영국의회는 동인도 회사를 구하고 자신들의 이익을 위해 창고에 쌓여 있는 차의 재고를 미국에 판매할 방법을 고민합니다. 그러기 위해 동인도 회사의 차 소매가격을 식민지인들이 밀수하고 있는 차의 가격보다 싸게 책정하고 몇몇 소수에게만 미국에서 차를 판매할 수 있는 독점권을 부여하지요. 당연히 식민지 상인들은 이 값싼 차를 취급할 수 없었습니다. 이에 분노한 식민지 상인들이 영국 정부의 차 독점 판매권에 항의를 했지만 받아들여지지 않았으며, 이것이 보스턴 차 사건의 원인이 되었다고 합니다. 그러니 사실 세금 문제도 있었지만, 차에 관한 독점적인 판매권을 둘러싼 상권 갈등이 큰 원인이었다고 볼 수 있습니다.

결국 영국은 1774년 보스턴 항구를 폐쇄하는 강경한 정책을 펼쳤으며, 이에 미국인의 영국에 대한 반감은 더욱 강해졌습니다. 차를 둘러싼 이와 같은 일련의 사건은 1775년 역사적인 미국의 독립전쟁으로 귀결되었습니다. 이런 이유로 영국에 반감이 생긴 미국인들은 이후 홍차 대신 커피를 마시게 되었습니다. 차와 관련된 역사적 사건은 미국의 보스턴 차 사건과 독립전쟁뿐만이 아닙니다. 중국의 아편전쟁도 차와 관련이 깊습니다. 앞에서 이야기했듯이 홍차는 영국에서 수요 높은 상품이었습니다. 그런데 문제는 차가 중국에서 들여오는 수입품이었다는 것입니다. 영국에서 홍차의 소비량이 늘어날수록 당시 중국과의 무역에서 적자액이 증가할 수밖에 없었습니다. 당시 많은 양의 세금으로 영국의 돈줄 역할을 하던 미국도 독립하자 영국 정

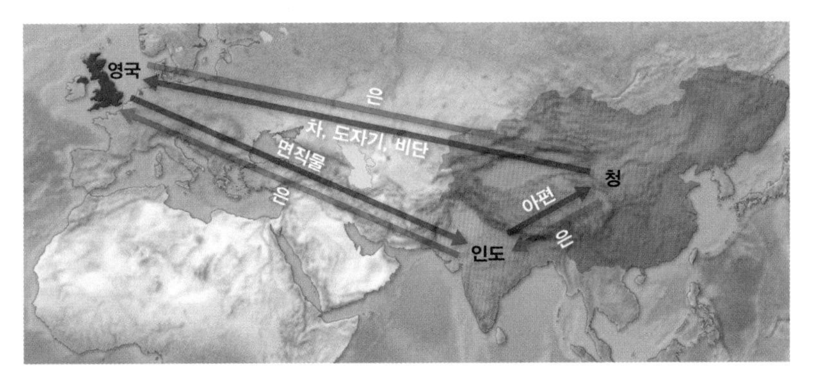

영국-인도-중국의 삼각무역

영국의 동인도회사는 인도에서 아편을 만들어 중국에 팔았습니다. 이를 통해 중국에서 받은 은으로 인도에서는 영국의 면직물을 구입했습니다. 결국 중국의 은은 인도를 거쳐 영국으로 다시 유입되었습니다.

부의 주머니 사정은 빠듯해졌습니다. 이때 영국이 생각해 낸 방법이 '삼각무역'입니다. 영국은 인도에서 생산한 아편을 청나라에 팔고 자국에서 생산한 면제품을 인도에 팔아 청나라에서 차를 수입하느라 유출한 은을 회수하는 삼각무역을 만들어 낸 것입니다.

사실 1700년경부터 중국에서는 아편 흡연이 널리 퍼져 중국 정부는 아편의 판매와 수입을 금지했습니다. 그러나 중국의 많은 관료가 영국 상인들에게 뇌물을 받고 아편 유통을 눈감아 줬다고 합니다. 이러는 사이 1830년 말에는 중국에 약 500만 명이 넘는 중국인들이 아편 중독으로 인해 건강뿐만 아니라 국가의 많은 부가 영국으로 유출되는 문제가 발생했습니다. 이에 중국은 1839년 아편과의 전쟁을 선포해 아편 유통과 관련된 영국 상인과 정부 관료들을 창고에 감금하고 1,400톤이 넘는 양의 아편을 몰수해 전부 폐기 처분합니다. 영국은 이것을 빌미로 1840년 전쟁을 일으키는데, 이것이 우리가 알고 있는 아편전쟁입니다.

당시 영국은 자유롭게 교역할 자신들의 권리가 훼손되었다며, 1842년 전쟁에서 패배한 중국에게 난징조약을 강요하게 됩니다. 이 조약으로 중국은 홍콩을 영국에 양도하고 광저우와 상하이 등 다섯 개의 항구를 영국에 개방하고 약 2,000만 달러의 배상금을 영국에 지불하게 됩니다. 결국 중국의 청나라 왕조는 망하게 되었으며, 서구 열강들이 아시아 대륙으로 침탈하는 식민지 정책이 빠르게 진행되기에 이릅니다. 이처럼 차는 단순히 우리가 마시는 음료이기 이전에 세계의 중요한 역사적 순간에 매우 중요한 요인으로 작용한 식품이기도 했습니다.

영국 노동자들의 슬픔이 담겨 있는 티타임

영국의 티타임은 애프터눈 티, 이브닝 티, 나이트 티 등 다양합니다. 19세기 중반에 귀족과 상류층이 손님을 접대하면서 발달한 티타임 문화는 19세기 말 이후 도시 중산층이나 노동자 계급도 즐기는 문화로 발전하였습니다. 그러나 우아하게만 보이는 영국의 티타임 문화 뒤에는 도시 노동자들의 가난한 생활 모습이 담겨 있습니다.

설탕의 대량 생산은 귀족에게만 허락되었던 단맛을 노동자도 즐길 수 있게 해 주었습니다. 다만, 노동자들이 접한 단맛은 즐거움을 주는 기호식품이 아니라 자신의 생존에 필요한 에너지를 공급하기 위한 수단이었습니다. 당시 노동자들은 설탕을 잔뜩 넣은 뜨거운 홍차와 빵 한 조각으로 식사를 해결했습니다. 사실 런던의 나이트 티는 밤에 휴식을 취하며 우아하게 마시는 차가 아니라 홍차에 설탕을 넣어 버터를 바른 빵 한 조각과 함께 효율적으로 저녁 식사를 끝내려는 데서 유래했다고 하니 그들의 문화를 우아한 모습으로만 바라보면 안 될 것 같습니다.

제4장

전쟁과 정복

음식은 한 국가가 다른 국가를 침략하고 정복하는 과정에서 다른 나라로 전파되기도 합니다. 패스트푸드의 대명사 햄버거, 흔히 국수 대용으로 즐겨 찾는 베트남 쌀국수, 빵집 단골 메뉴인 소라 모양의 빵 크루아상 등은 모두 국가 간의 전쟁에서 비롯된 음식입니다. 서양 음식으로 알려진 햄버거는 놀랍게도 아시아 몽골제국이 서진 정복 과정에서 유럽으로 전파되고 다시 미국으로 건너간 이후 전 세계로 전파되었습니다. 베트남 쌀국수는 베트남 전쟁에서 해외로 피난한 이주민에 의해 전 세계로 알려졌습니다. 크루아상은 오스트리아와 오스만 튀르크의 전쟁에서 비롯된 음식입니다. 우리나라에도 전쟁과 관련한 음식이 있습니다. 김치 양념과 고추장 등을 섞은 양념에 육수를 넣은 국물에 햄, 소시지, 베이컨 등을 넣고 끓여 만든 의정부 부대찌개가 바로 그 예입니다. 여기에는 어떤 내막이 담겨 있는 걸까요?

몽골에 의해 한반도에 전파된 고려의 소주

소주는 오늘날의 티그리스강과 유프라테스강 유역에 위치한 이라크Iraq 지역에서 만들어진 증류주입니다. 기원전 3500년경부터 인류 역사의 시작과 함께 수메르인들에 의해 만들어져 메소포타미아문명 지역을 중심으로 즐겨 마셨던 술입니다. 당시 이곳 사람들은 이 술을 '아라크Araq'라고 불렀습니다. 아라크란 아랍어로 '땀'을 뜻합니다. 이는 증류기에 수증기가 응축되어 물방울이 떨어지는 것이 땀과 비슷하다 해서 붙여진 명칭입니다. 이슬람교 율법에서 술을 금지하고 있으나 이슬람교가 태동하기 전부터 아라크를 즐겨 왔기 때문에 일부 국가에서는 아라크를 마시는 문화가 남아 있습니다.

아라크
전통 아라크는 포도와 아니스 두 가지 재료로 만들어집니다(출처: 위키피디아)

술은 일반적으로 과일이나 곡물을 효모로 발효시킨 양조주, 양조주를 다시 증류한 증류주, 증류주에 여러 성분을 혼합한 혼성주 세 가지로 구분합니다. 소주는 곡물을 발효시켜 증류하거나 오늘날의 보통 소주처럼 에탄올을 물로 희석하여 만든 술입니다. 소주의 탄생은 증류법의 발명 없이는 불가능하였는데 발효된 술에 열을 가해 끓는점이 물보다 낮은 알코올을 추출해야만 만들 수 있었기 때문입니다. 학자들의 연구에 의하면 기원전 2000년경에 이미 메소포타미아 지역의 바빌로니아인들은 원시적인 증류장치를 발명하여 사용했다고 합니다. 고대 이집트에서는 숯을 만드는 과정에서 증류기술을 사용했으며, 그리스에도 선원들이 바닷물을 끓여 발생하는 증기를 스펀지 같은 것으로 흡수하여 먹을 물을 만들 때 증류기술을 사용했다고 합니다. 또 향수를 만들 때도 증류법을 사용하는 등 주류를 제외한 다른 물질을 만들 때 많이 사용되었습니다.

소주와 같은 증류주 제조를 위해 증류법이 사용되기 위해서는 좀 더 완벽한 증류를 위한 기술상의 개선이 필요했는데, 이러한 개선은 8세기경 중세

제조법에 따른 술의 분류

양조주	– 인류가 가장 처음 개발한 술 – 과일의 과당 혹은 곡물의 전분을 효모로 발효 – 맥주, 와인, 막걸리, 청주, 사케
증류주	– 양조주를 증류해서 만든 술 – 물의 비등점(100℃)과 알코올의 비등점(78.3℃) 차이 이용 – 위스키, 브랜디, 보드카, 럼, 테킬라, 소주, 고량주
혼성주	– 향, 색, 감미를 첨가한 술 – 양조주·증류주에 약초와 과일 등 다양한 원료 혼합 – 깔루아, 말리부, 미도리, 강화와인, 담금주

이슬람 화학자들의 노력에 의해 이루어졌습니다. 그들은 순수한 알코올이나 에스테르 같은 물질의 공업적 정제를 위해 증류법을 활발히 사용하였고, 여러 실험을 통해 증류기술을 개선하였습니다. 11세기 초 『의학전범』을 쓴 유명한 이슬람 명의이자 화학자였던 이븐 시나는 정유를 정제하기 위해 수증기 증류법이란 증류기술을 발명하였고 이후 이슬람 세계에서 증류법은 날로 발전하게 됩니다. 이슬람 세계의 화학자들은 향수 제조나 공업적인 재료를 만들기 위해 증류법을 활발히 사용했으나, 술을 금지하는 이슬람교의 교리 때문에 증류법을 사용하지는 않았습니다. 이러한 증류법은 십자군 전쟁을 통해 유럽으로 전해져 15세기경 위스키, 보드카, 브랜디, 진 등의 술들이 만들어지게 됩니다.

몽골제국의 최대 영토

서양의 증류주가 십자군 전쟁을 통한 증류기술의 전파로 인해 탄생하였다면, 동양의 증류주는 몽골의 정복 활동으로 인한 문물교류의 덕이 컸습니다. 13세기 초 테무친은 몽골부족을 통일한 후 칭기즈 칸Chingiz Khan이 되어 몽골제국을 수립하였습니다. 칭기즈 칸의 뒤를 이은 칸Khan들은 영토를 계속 확장하여 금과 서하를 멸망시키고 유럽까지 공격하였으며, 그들 중 칭기즈 칸의 손자였던 훌라구는 서아시아의 아바스왕조를 무너뜨린 후 옛 페르시아 영토를 중심으로 일한국Ⅱ汗國을 세웠습니다.

일한국은 몽골제국의 일부였으나 이슬람교로 개종한 후에는 이슬람과 페르시아 문화를 융합하였습니다. 몽골인들은 유목민족이기 때문에 농업보다는 목축과 교역을 중시하였고, 외국의 새로운 문물을 편견 없이 적극적으로 받아들이는 편이었습니다. 몽골인들은 자신들의 세력권 안에서 안전하게 교역이 이루어질 수 있도록 큰 노력을 기울였고, 몽골제국 안에서 동서양의 문화와 기술은 활발하게 교류되었습니다.

이 시기 중동에서 탄생한 증류법도 현지 무슬림에 의해 동쪽의 몽골제국과 고려까지도 전해지게 됩니다. 또한 동아시아 및 동남아시아의 여러 곳에서 증류법을 이용한 다양한 증류주가 나타나기 시작했고, 우리나라에서도 탁주를 증류하여 만든 고려소주가 탄생하게 되었습니다. 당시 고려에서는 소주를 아라길주阿喇吉酒(아라크를 음차)라고 불렀습니다. 증류법은 대개 몽골군의 주둔지를 따라 퍼져 나갔는데, 원 간섭기 몽골군의 본영이 있었던 황해도 개성을 비롯해 일본 침공을 위한 병참기지였던 안동과 제주 지역에서 아라크를 공급하기 위해 고려인들의 증류주가 활발하게 빚어졌습니다. 오늘날에도 개성에서는 소주를 아락주라 부르고 있고, 안동의 안동소주와

제주 고소리술

고려시대에 몽골인들의 증류기법이 그대로 전해지면서 제주도 최초의 고소리술이 생산되었습니다(출처: 디지털서귀포문화대전).

제주도의 고소리술은 최고의 전통 소주로 손꼽히고 있습니다.

우리나라에는 지방별로 독특한 전통주가 전해져 내려오는데, 서울의 문배주, 한산의 소곡주, 경주의 법주, 안동의 소주가 바로 그것입니다. 이 가운데 알코올 도수 45℃인 안동소주는 뒤끝이 없는 화끈한 술로 애주가들 사이에 널리 정평이 나 있습니다. 안동소주는 조선시대 들어서면서 안동 지방 사대부 집안에서 대대로 빚어 왔던 전통 민속주로 지금은 한국을 대표하는 전통 소주로 자리 잡았습니다.

안동에서 소주가 처음 만들어진 것은 고려시대로 거슬러 올라갑니다. 고려를 침략한 몽골군은 바다 건너 일본을 정벌하기 위해 이곳 안동을 비롯하여 개성과 제주에 각각 병참기지를 구축하고 전쟁에 필요한 물자와 병력을 충원했습니다. 우리나라보다 북쪽에 위치하여 유난히도 추운 겨울을 보

안동 소주

안동소주는 고려시대 일본정벌을 위해 이곳 안동에 머물던 몽골군에 의해 전수된 것으로 알려졌습니다(출처: 위키피디아).

내야 했던 몽골군은 추위를 피하고자 술을 즐겨 마셨습니다. 이들은 곡물을 발효시킨 후 증류하여 만든 술, 즉 소주燒酒를 즐겨 마셨는데, 이 과정에서 자연스럽게 소주 제조 기술이 우리나라에 전해진 것으로 여겨집니다. 제주의 고소리술 역시 고려군과 몽골군이 연합하여 삼별초를 진압할 당시 제주인들이 이곳에 정착한 몽골인들로부터 익힌 것으로 보입니다.

몽골의 서방 정복 역사의 산물, 햄버거

세계 어디를 가든 햄버거 하면 쇠고기 패티와 야채 등의 내용물로 풍성한 둥근 흰 빵을 떠올립니다. 몇백 년이 흘렀어도 그 조리법에 있어서는 본질적으로 변함이 없습니다. 그렇다면 햄버거의 원조는 어디일까요? 많은 사람이 미국이라고 생각하는데, 그렇지 않습니다. 햄버거는 아시아의 초원 지대에서 유목 생활을 하던 몽골계 기마민족인 타타르족의 전투 식량이었습니다.

중앙아시아 드넓은 초원에서 양과 말을 키우며 살던 몽골 사람과 튀르크 계열의 타타르* 사람들은 유목민의 특성상 이동이 잦았습니다. 평소에는 초원에 이동식 가옥인 게르를 쳐 놓고 가축이 풀을 뜯는 기간에는 정착하여

* 타타르란 몽골인과 함께 러시아를 점령했던 튀르크계 민족으로, 당시 우리나라는 돌궐(고차)족이라고 불렀습니다. 옛날에는 타타르라는 명칭이 다양하게 쓰여서 몽골족과 튀르크계 민족을 포함하여 아시아의 스텝과 사막에 사는 유목민족을 총칭하거나, 크림타타르 · 시베리아타타르 · 카잔타타르 · 카시모프타타르처럼 몽골제국(13~14세기) 때의 여러 민족과 나라를 가리킵니다.

요리를 해 먹었습니다. 그렇지만 전쟁 중이거나 다른 마을로 장거리 여행을 떠나야 할 때는 이동을 해야 하기 때문에 불을 피워 요리할 시간적 여유가 없었습니다. 이때 간편하게 먹을 수 있도록 개발한 음식이 오늘날 우리가 패스트푸드로 즐겨 먹는 햄버거의 원형입니다.

타타르족은 주식으로 들소나 양고기를 날로 먹었습니다. 그들은 말을 타고 정복 전쟁이나 장거리 여행을 할 때면 들소나 양을 잡아 그 고기를 갈거나 다진 후 말안장에 깔고 앉아 길을 떠났습니다. 생고기 덩어리는 질겨서 요리를 하지 않으면 그냥 먹기가 힘듭니다. 그렇지만 말을 타고 초원을 누비다 보면 말안장과의 충격으로 고기는 부드럽게 다져지고, 말의 체온 때문에 고기가 숙성돼 맛도 좋아집니다. 그래서 배가 고프면 굳이 고기를 굽지 않아도 후추나 소금, 양파즙 등의 양념을 쳐서 끼니를 대신하곤 했습니다. 이런 다진 고기가 햄버거 패티의 원조였던 셈입니다.

아시아 초원의 유목민들이 먹던 다진 날고기가 유럽으로 전해진 후 미국을 거쳐 다시 아시아로 되돌아온 계기는 몽골부족을 통일한 칭기즈 칸 덕분입니다. 13세기 칭기즈 칸이 이끄는 몽골군과 타타르 연합군은 지금의 카자흐스탄을 거쳐 우크라이나와 러시아를 공격하였습니다. 몽골군 전술의 특징은 기병 중심의 공격부대가 전광석화처럼 진격해 적군을 제압하는 방식이었습니다. 적을 공격할 때는 말에서 내리지도 않고 며칠 동안 행군을 계속하면서 기습했습니다. 속도가 느린 병참부대가 초고속의 기병부대를 따라갈 수 없었던 만큼 말안장에 항상 양고기를 넣고 다니면서 한 손으로는 고삐를 잡고 다른 한 손으로는 고기를 씹으며 진격하곤 했습니다. 『동방견문록』을 쓴 마르코 폴로는 “망아지 한 마리의 살코기가 있으면 몽골 전사

100명이 하루 세끼 식량으로 삼을 수 있다"라고 기록했는데 전투식량인 생고기 덕분에 최단 시간에 최소한의 식량으로 최대의 에너지를 공급받을 수 있었던 것이 대제국을 건설할 수 있었던 원동력이었던 것입니다. 칭기즈 칸 사후 손자인 쿠빌라이 칸이 모스크바를 침공할 때도 말안장에 양고기를 넣고 다녔는데, 전쟁 이후 이들의 음식 문화가 러시아에 빠르게 전해졌습니다. 러시아인들은 몽골 음식인 다진 날고기에 양파와 계란을 첨가해 먹었고, 이를 '타타르 스테이크'라고 이름 붙였습니다.

타타르 스테이크Steak tartare는 14세기 무렵 러시아를 거쳐 독일로 전파됐습니다. 그 중심지가 북부 독일의 항구도시인 함부르크입니다. 함부르크는 뤼베크, 브레멘, 쾰른과 함께 한자동맹의 주요 도시이자 중세 북유럽 무역의 중심지였습니다.

지리상의 발견으로 인도로 가는 항로가 생기기 전까지 인도와의 무역은 지중해를 통해서만 이루어지고 있었기 때문에 당시 북유럽 국가들이 지중해 국가들보다 힘이 세지 않는 한 교통에서 이익을 거두기란 어려운 일이었습니다. 십자군 전쟁 이후 점차 북유럽에서도 자치권을 얻는 도시가 발달하여 도시 간의 동업조합인 한자동맹이 만들어지고 북유럽 지역의 무역을 주도해 나갔는데 그 중심지가 바로 함부르크였습니다. 당시 러시아의 교역 도시였던 니즈니 노브고로드Nizhny Novgorod*의 큰 시장을 통해 동양의 산물들은 함부르크를 경유하여 서유럽으로 유입되었고, 동양산 향료와 비단, 그

* 러시아 북서부의 '볼호프강'가에 있으며 하항河港이 있고 철도 분기점인 러시아의 고도입니다. 중세 한자상인과 동방상인들의 교역도시로 성장하여 16세기 전까지는 가장 발달한 도시였으나, 18세기 상트페테르부르크St. Petersburg가 건설되면서 쇠퇴하였습니다.

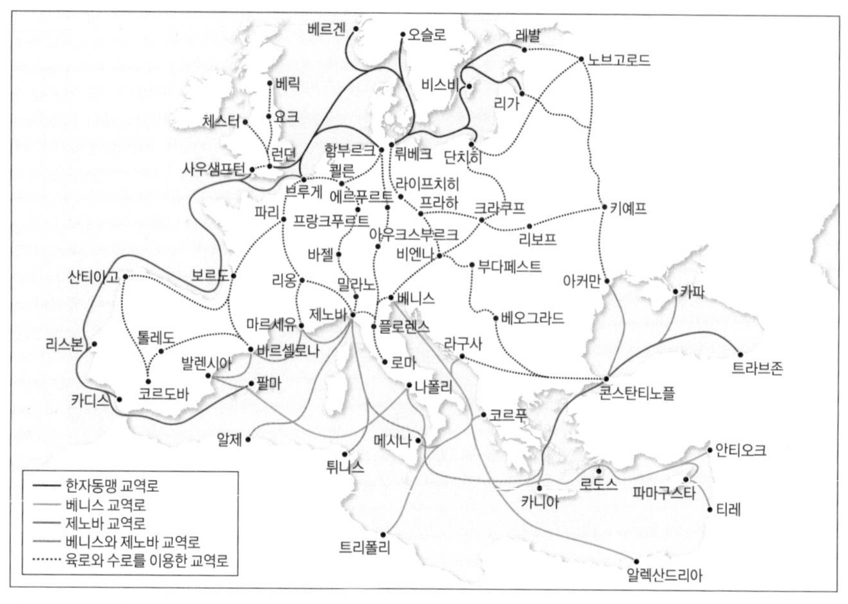

중세 유럽 무역로(출처: World History Encyclopedia)

리고 모스크바 지방의 가죽과 밀랍이 서유럽 제조품과 교환되었습니다. 이때 타타르 스테이크 또한 함부르크로 향하는 상인들에 의해 전해졌을 가능성이 큽니다.

햄버거의 유래와 관련된 또 다른 설은 아랍 사람들이 향신료를 첨가한 다진 양고기 음식인 '키베Kibbeh'를 날로 먹는 습관이 있었는데 이 음식 역시 햄버거 패티의 원형과 비슷하며, 함부르크를 통해 유럽에 소개되었습니다.

함부르크에 햄버거의 원형이 전래된 것이 러시아인지 아랍이었는지는 정확하지 않습니다. 어쨌든 러시아와 아랍에서 다진 양고기는 함부르크 지방을 중심으로 유럽으로 퍼져 나갔으며, 함부르크 지방의 햄버거는 19세기 독

타타르 스테이크(위)와 키베(아래)
고기를 다져서 양념을 한 타타르 스테이크와 키베는 오늘날에도 함부르크와 아랍 지역을 방문하면 접할 수 있는 음식입니다(출처: 위키피디아).

일계 이민자들이 미국으로 건너오면서 미국에 전파되었습니다. 당시 명칭은 하크스테이크이나 함부르크식이라는 뜻에서 "함부르거Hamburg-er"라고 명명한 것이 시초라고 합니다. 이 햄버그스테이크가 번이라고 부르는 빵 사이에 끼워진 것이 햄버거인데 원조에 대한 여러 설이 있지만, 1904년 세인트루이스 만국박람회 때 박람회장 내의 한 식당에서 밀려드는 인파를 감당할 수 없어 이 햄버그를 둥근 빵 2개 사이에 끼워 샌드위치 형식으로 팔게 되면서 햄버거가 탄생했다는 설이 가장 널리 알려져 있습니다. 이때는 패티 재료를 양고기 대신 쇠고기나 돼지고기로 대체했고, 날로 먹는 대신 불에 구워 먹게 되었습니다.

삼림의 파괴 원인은 햄버거 커넥션에 있다

세계 120여 개국에서 판매되며, 전 세계 인구의 1%가 매일 먹는 가장 미국적인 음식이자 세계적인 음식이 햄버거입니다. 이 햄버거에는 '불편한 진실'이 하나 숨어 있습니다. 바로 햄버거가 열대림과 맞바꾸어 만들어졌다는 사실입니다. '햄버거 커넥션Hamburger Connection'이란 햄버거의 재료가 되는 쇠고기를 얻기 위해 조성되는 목장이 열대림 파괴 현상으로 이어지는 것을 말합니다. 대개 초지는 자연적으로 생기는 것이 아니라, 대규모 기업에서 땅을 구입한 뒤 그 자리에 있던 나무를 베어 내어 만든 것입니다. 이 과정에서 지구의 허파인 아마존 열대 우림 지역의 삼림이 파괴되고 있습니다. 현재 지구상에서 기르는 가축의 수는 500억 마리를 웃돕니다. 이는 유엔UN이 정한 기를 수 있는 가축 수 기준치의 두 배가 넘습니다. 이처럼 천문학적인 수의 가축을 키우려면 그만큼의 목초지와 사료 경작지가 필요하겠죠. 1kg의 쇠고기를 얻기 위해서는 소에게 옥수수 10kg 이상을 먹여야 합니다. 우리가 쇠고기 1인분을 먹었다면 그것은 곧 곡물 10인분을 먹은 것과 같다는 뜻입니다. 더욱 심각한 것은 목장 주변의 하천과 토양이 가축의 분뇨로 오염된다는 점입니다. 보통 초지 주변에서 가축의 사료로 쓰는 옥수수와 사탕무우 등의 곡물을 재배하는데, 비행기나 헬리콥터로 뿌려지는 농약으로 토양과 하천의 피해가 큽니다. 매년 세계인들이 먹는 햄버거의 쇠고기를 공급하기 위해 우리나라 남한 크기의 삼림 면적이 줄어든다고 하니 정말 심각하다고 할 수 있습니다. 이처럼 자원의 소비가 과도하게 많게 되면 지구에는 여러 가지의 환경 문제가 발생한다는 사실을 간과해서는 안 됩니다.

소고기 패티를 쓴 햄버거

한국전쟁의 애환이 담긴 부대찌개

여러분은 음식 중에 국과 탕과 찌개를 구분할 수 있나요? 국은 고기, 해물, 채소 등 재료에 물을 넣어 끓인 것입니다. 미역국, 소고기 뭇국 등이 이에 해당합니다. 국을 좀 더 오래 끓이면 탕이 됩니다. 설렁탕, 곰탕을 떠올리시면 어떤 차이점인지 아실 겁니다. 찌개는 국보다 건더기를 더 많이 넣고 국물을 진하게 끓인 것입니다. 찌개의 어원은 지진다는 '찌'에 접미사 '개'가 붙은 것으로 알려져 있습니다. 대표적인 찌개인 김치찌개, 된장찌개, 부대찌개 등은 건더기가 많이 들어가 있어 한국인들이 즐겨 먹는 음식입니다. 그런데 김치찌개와 된장찌개에는 김치나 된장이라는 재료가 이름을 차지하고 있는데 부대찌개의 부대는 어떤 의미일까요? 이 이름에는 한국전쟁이라는 아픈 역사의 흔적이 있습니다.

1950년부터 1953년까지 벌어졌던 한국전쟁으로 국토는 초토화되었고 무려 400만 명이 넘는 사람들이 목숨을 잃었습니다. 삶과 죽음의 갈림길을 왔

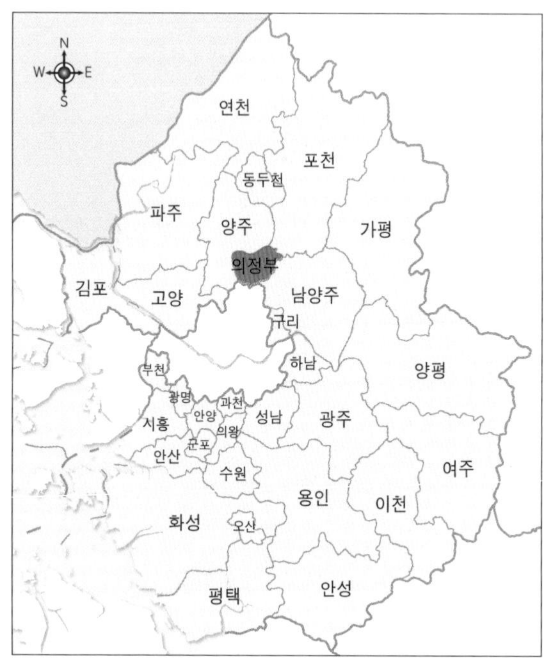

경기도 의정부시의 위치

다 갔다 하는 극한 상황에서도 당장의 굶주림을 면하는 것이 우선이었습니다. 식량과 물자가 부족했기 때문에 있는 재료를 가지고 음식을 만들 수밖에 없었으며 이 과정에서 새로운 음식이 생겨나기도 하였습니다. 이러한 음식은 전쟁이 끝난 후에 전쟁을 견디게 해 주었다는 이유로 사람들의 기억 속에 남아 전해져 오기도 합니다. 그 대표적인 음식이 부대찌개입니다.

보통 음식의 발상지나 음식으로 유명한 지역명을 음식 이름 앞에 붙이는 경우가 많습니다. 전주 비빔밥, 안동 찜닭 등이 그렇습니다. 부대찌개 앞에는 어떤 지역이 떠오르나요? 의정부라는 지역이 가장 먼저 생각날 것입니다. 먼저 부대찌개 앞에 수식어처럼 따라붙는 의정부라는 지역에 대해 알아볼 필요가 있습니다.

의정부는 경기도 북부에 위치한 도시로 1911년에 서울에서 원산까지 가는 경원선 철도가 생기면서 교통의 요충지로 성장하였습니다. 현재는 국도 3호선, 39호선, 43호선이 교차하는 도로 교통의 중심지이기도 합니다. 한국전쟁이 끝나고 휴전협정을 맺은 후 군사분계선과 맞닿은 도시들에는 미군들이 주둔하게 됩니다. 특히 의정부에는 주한미군의 핵심 전력인 제2사단 사령부가 들어섰습니다. 미군부대의 주둔과 교통망의 확충, 신시가지 조성 등의 요인에 북한과의 거리가 가깝다는 지리적 이유가 더해져, 의정부는 경기도 북부를 대표하는 군사도시의 이미지를 갖게 됩니다. 의정부는 동두천·연천·포천·철원 방면으로 이어지는 방어선의 중요거점이기도 합니다. 그러나 1967년에 경기도청이 서울에서 수원으로 옮겨 가고 한강 이북 지역의 개발이 제한되면서 의정부는 오랫동안 정체상태에 있게 됩니다. 정체상태에 있던 의정부에 1호선 전철이 들어오고 서울로부터의 전입인구가 늘어나는 한편 도심부 서쪽에 신도시가 조성되어 인구가 급증하였습니다. 최근에는 미군부대가 이전함에 따라 군사도시 이미지를 벗고 젊고 활기찬 도시로 바뀌고 있습니다.

의정부 부대찌개는 미군부대가 주둔하는 군사도시라는 특수한 지리적 환경에서 탄생하였습니다. 미군부대에서 들어온 재료로 동양과 서양 요리법이 섞인 퓨전음식이 탄생한 것입니다.

부대찌개의 유래를 살펴보자면 두 가지 설이 있습니다. 첫 번째는 부대찌개가 꿀꿀이죽에서 변형되었다는 것입니다. 꿀꿀이죽은 한국전쟁 직후 미군부대 취사반에서 미군들이 먹다 버린 잔반을 모아 한꺼번에 끓여 만든 잡탕죽을 말합니다. 시큼하고 비릿한 맛이었지만 영양 가치는 높아 은근히 인기가 있었습니다. 전쟁으로 물자가 부족한 가운데 꿀꿀이죽은 미군부대의 음식물 쓰레기에서 나온 쇠고기, 닭고기, 감자, 빵, 버터 등 한번 식탁에 올라갔다가 내려온 재료들을 모두 넣고 끓인 것입니다. 운이 좋으면 큰 고깃덩어리도 나오지만 피우다 버린 담배꽁초가 섞여 들어가기도 했습니다. 당시는 생존을 위하여 뭐든지 먹어야 하는 가난한 시대였습니다. 그러나 꿀꿀이죽과 부대찌개는 서로 다른 형태와 재료를 갖고 있으며, 꿀꿀이죽이 부대찌개에서 파생되었다는 설은 잘못 전해진 것입니다.

두 번째 유력한 설은 미군부대의 잔반통이 아니라 미군부대에서 근무하던 한국사람들을 통해 흘러나온 음식에서 비롯됐다는 것입니다. 주한미군부대에 납품하던 스팸, 소시지, 햄 등이 부대 밖으로 유출되면서 사고파는 시장이 형성되었고 부대 앞에서 구입한 재료로 만들었다고 하여 부대찌개라는 이름이 붙었다는 것입니다. 그 당시 의정부는 미군부대와 미군물자를 받아 유통시키는 제일 큰 도시였습니다. 미군 부대에서 나온 햄과 스팸을 큰 냄비에 넣고 한국인 입맛에 맞게 김치와 볶은 후, 음식이 타지 않도록 물을 추가해 스팸의 짠맛과 김치의 매운맛이 조화를 이루도록 하였습니다. 이러한 과정을 통해 술안주나 반찬으로 적합한 새로운 형태의 찌개가 탄생하게 된 것입니다.

어쨌든 세월의 과정을 거치면서 맛과 재료에도 많은 변화가 나타났습니다. 스팸과 햄, 소시지, 콩 통조림, 라면과 함께 고추장과 김치를 넣어 끓이면 우리나라 사람들이 좋아하는 얼큰한 맛을 내 주고 느끼한 맛을 잡아 주었기 때문에 사람들의 입맛을 사로잡았습니다. 주요 재료인 스팸은 돼지고

의정부 부대찌개 거리(출처: 의정부시청 제공)

기 어깨살을 으깨고 양념을 넣어 반죽하여 일반 햄과 비슷한 맛을 가지고 있습니다. 매콤한 조미료 때문에 'spicy ham'이 'SPAM'이라는 상표로 바뀐 것입니다. 스팸은 지방 함량이 높아 활동량이 많은 군인에게 비상식량으로 보급되었습니다. 부패할 염려가 없도록 통조림으로 만들어 유통기한이 길어 민간인들에게도 자연스럽게 전해지게 되었습니다.

부대찌개를 대표하는 지역은 의정부지만 지역별로 맛과 특징이 다릅니다. 미군 육군기지가 들어선 의정부와 공군기지가 들어선 평택의 송탄이 서로 부대찌개의 원조라고 주장하고 있습니다. 간편식인 밀키트에도 의정부식 부대찌개와 송탄식 부대찌개가 구분되어 팔릴 정도로 맛에 있어서 차이가 있습니다. 의정부식 부대찌개는 맑은 육수를 사용하고 소시지와 햄을 적당히 넣어 김치맛과 잘 어우러져 개운한 맛을 냅니다. 김치찌개에 돼지고기 대신 햄과 소시지를 넣은 것과 비슷합니다. 평택의 송탄식은 의정부식에 비해 소시지와 햄을 훨씬 많이 넣고 슬라이스 치즈와 강낭콩 통조림을 첨가하여 맛이 진합니다. 송탄식의 햄과 소시지는 다른 지역에 비해 짭니다. 짜고 매운 탓에 밥이 절로 넘어갑니다.

미군 부대의 잔반을 활용해 만들어진 '부대찌개'는 전쟁의 기억을 연상시킨다는 이유로 부정적인 인식을 불러일으킬 수 있습니다. 그렇지만 부대찌개는 한국전쟁의 어려움을 빠르게 극복하고 선진국 수준에 도달한 대한민국의 역동적인 발전과 자부심을 상징적으로 보여 주기도 합니다. 동시에 이는 문화적 융합의 훌륭한 예시로, 한국의 대표적인 퓨전 음식으로서의 가치를 지니고 있습니다.

의정부의 이름에 얽힌 역사

의정부는 원래 조선시대 재상들로 구성된 최고 의결 기관의 이름입니다. 재상들이 의정부에서 국가의 주요 현안을 의결한 뒤 왕에게 보고하는 중요한 행정 기관[2]입니다. 그런데 의정부라는 행정 기관이 어떻게 지역 이름이 되었을까요? 사연은 이렇습니다. 조선을 개국한 태조 이성계는 이방원이 주도한 '왕자의 난'에 실망해 임금 자리에서 내려와 고향인 함경남도 함흥으로 들어가 버립니다. 이방원은 함흥에 있는 이성계에게 용서를 빌고자 사람을 계속 보내죠. 그러나 아무 소식이 없는 함흥차사咸興差使가 되어 버립니다. 결국 이성계는 지금의 함흥에서 내려와 지금의 양주에 머물게 됩니다. 정승들이 모두 이성계가 있는 양주로 가서 정무를 의논하고 결재를 받았다고 합니다. 그때부터 사람들이 '저곳이 의정부와 같구나'라고 하여 지금까지 의정부라는 지명이 생겼다는 설이 있습니다.

의정부를 상징하는 캐릭터, 의돌이(출처: 의정부시)

보트피플이 전파한 소울푸드, 베트남 쌀국수

베트남 음식 하면 어떤 것이 떠오르나요? 아마 가장 먼저 생각나는 것이 '쌀국수'일 것입니다. 베트남은 열대 몬순 기후와 메콩강이 만든 넓은 삼각주의 지리적 이점을 바탕으로 세계 5위의 쌀 생산량을 자랑합니다(2020년 기준). 1년에 삼모작이 가능한 베트남의 쌀은 우리나라의 그것과는 맛과 형태가 다릅니다. 베트남에서는 길쭉한 형태로 된 인디카(안남미安南米라고도 하며, 안남은 중국인과 프랑스인이 베트남 중부 지방을 부르는 호칭임)를 주로 생산합니다. 인디카는 푸석하고 찰기는 없지만, 볶음밥이나 국수를 만드는 데 주로 쓰입니다. 반면 둥글고 짧은 형태로 찰기가 많은 자포니카종은 한국과 일본 정도에서 재배하는 품종입니다.

베트남 쌀국수

자포니카종 쌀

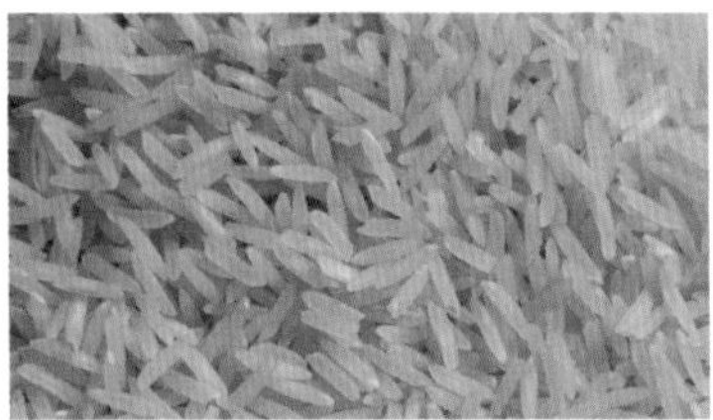
인디카종 쌀

우리는 쌀국수 하면 '퍼Pho'를 떠올리게 됩니다. 한국의 유명한 베트남식 음식 프랜차이즈에서도 '퍼' 또는 '포'라는 단어가 들어가 있습니다. 베트남에서는 농촌 거리에서부터 도시의 허름한 골목까지 아침, 점심, 저녁 중 최소 한 끼 정도는 퍼를 먹을 정도로 베트남의 국민 음식으로 알려져 있습니다. 베트남의 퍼는 우리나라의 쌀국수와는 조금 다른데 기름기가 있고 고수 향이 강한 편입니다. 이 고수 때문에 베트남 쌀국수에 거부감을 느낄 수도 있는데 고수를 원하지 않으면 '고수 빼 주세요'라는 말을 하시면 됩니다.

퍼를 만드는 과정은 간단치가 않습니다. 밀이나 메밀은 반죽하여 면을 뽑으면 되지만 쌀국수는 쌀가루를 물에 묽게 반죽하여 얇게 펴서 스팀으로 찌는 등 몇 단계의 과정을 거칩니다.

그렇다면 퍼가 만들어진 유래를 알아볼까요? 퍼의 유래에 대해서는 두 가지 설이 있습니다. 우선 프랑스 기원설입니다. 프랑스의 지배하에 있던 베트남에서는 당시 프랑스인들이 즐겨 먹던 포토푀pot-au-feu라는 요리가 있었습니다. 포토푀는 쇠고기와 각종 채소를 끓여서 건더기만 건져 먹는 음식입니다. 베트남 사람들은 프랑스인들이 먹고 남은 포토푀 국물을 이용해 국수를 말아 먹기 시작했고 그것이 퍼의 기원이라는 설입니다. 하지만 베트남의 퍼와 포토푀에 들어가는 재료와 요리 방법이 완전히 다른 음식이라는 점에서 포토푀에서 퍼의 유래를 찾는 것은 설득력이 약합니다.

더 신빙성 있는 설은 퍼의 국수사리가 베트남과 인접한 중국 남부에서 왔고, 국물이 베트남 전통의 물소 고깃국에서 시작되었다고 보는 것입니다. 원래 베트남에서는 우리나라와 마찬가지로 소를 귀중한 농사꾼으로 여겨 소를 잡는 일이 흔하지 않았습니다,

따라서 소고기가 잘 팔리지 않았으나 소를 잡게 되면 소뼈를 그냥 버리기도 하였습니다. 소고기를 사면 소뼈는 공짜로 얻을 수 있었기 때문에 소뼈를 이용한 요리법이 개발되었지요. 물소의 뼈를 우린 고깃국에서 소고깃국으로 재료를 바꾸어 퍼의 국물로 사용하였다는 것이 유력한 설입니다.

베트남 지도를 보면 남북으로 가늘고 길게 뻗은 모양입니다. 중국, 라오스, 캄보디아와 국경을 맞대고 있으며 국토의 3/4은 산지로 되어 있습니다. 남부로 흐르는 메콩강은 인도차이나반도 최대의 국제하천으로 길이가 4,000km가 넘습니다. 기후는 북회귀선의 남쪽에 위치하기 때문에 고원지

쌀가루를 넓게 펼쳐서 만든 라이스페이퍼

호치민 시가지의 모습

대를 제외한 전 지역이 열대 몬순 기후이며 대체로 5~10월이 우기, 11~4월이 건기입니다. 남북으로 길쭉한 모양만큼 북부와 중부, 남부가 각각 음식 문화가 다릅니다. 북부 지역의 요리는 중국의 영향을 많이 받아 담백하고 약간 신맛이 납니다. 쌀국수를 대표로 하여 석쇠에 구운 돼지고기를 라임과 느억맘(피시소스)으로 간을 맞춘 소스에 담가 먹는 분짜, 라이스페이퍼에 고기와 채소를 싸서 먹는 월남쌈 등이 유명합니다.

중부 지역은 땅의 폭이 좁아 다른 지역에 비해 농사지을 땅이 부족하여 자연스럽게 음식의 재료에서 수산물이 비중이 높게 나타납니다. 하지만 수산물은 더운 날씨에 금방 상할 수 있기 때문에 소금에 절여 보관하였는데 이 때문에 짠 음식이 많습니다. 남부 지역은 태국과 인도뿐만 아니라 크메르, 참 등 여러 국가와 민족의 영향을 받았기 때문에 북부나 중부의 음식에 비해 훨씬 다채롭습니다. 메콩강 하류의 삼각주에서 나오는 풍부한 농산물과 바다에서 잡히는 수산물을 이용해 단맛과 짠맛, 신맛이 함께 조화를 이루는 다양하고 독특한 요리를 만들었습니다.

퍼는 원래 하노이를 중심으로 하는 북부 베트남의 요리였는데, 왜 남부 베트남에 널리 퍼지게 되었을까요? 이는 1954년부터 1975년까지 지속된 베트남전쟁으로 나라가 분단된 적이 있기 때문입니다. 1946년에서 1954년까지 이어진 제1차 인도차이나전쟁은 프랑스가 식민지로 지배했던 베트남·라오스·캄보디아 등 인도차이나 3국의 재지배를 위한 것으로, 이 전쟁이 끝난 후 베트남은 북위 17도를 경계로 남과 북으로 나누어집니다. 북부 지역에 공산정권이 들어섰으며, 모든 음식점이 국영화되면서 국가의 간섭을 받게 된 음식점 주인들이 남쪽으로 오게 됩니다. 남쪽에 정착한 북부사람들은 한국전쟁 당시 남한에서 함흥냉면이나 평양냉면 같은 이북 음식을 팔았던 것처럼 북쪽 지방의 퍼를 남쪽 지방에서 팔게 됩니다. 결국은 베트남 전역으로 공산주의 통일이 이루어지게 되며 공산주의 베트남을 피해 미국이나 호주, 유럽으로 떠나는 일명 보트피플이라고 하는 난민들이 생겨났습니다. 이러한 과정에서 쌀국수나 분짜, 스프링 롤 등의 베트남 음식이 세계 각지로 퍼져나가게 됩니다. 베트남 사람들이 일상적으로 먹는 퍼는 이 같은 분단의 아픔이 새겨져 있습니다. 베트남 하노이의 대표 음식이었던 퍼는 세계화 과정에서 해외로 진출하게 되었고 세계인의 사랑을 듬뿍 받는 음식입니다. 퍼가 베트남인의 정체성을 보여 주는 음식인 만큼, 퍼로 요리하는 사람은 국적과 관계없이 고유한 향을 유지하려고 노력하고 있습니다.

보트피플

보트피플Boat people은 베트남전쟁 막바지에 바다를 이용해 탈출하던 난민을 말합니다. 베트남전쟁은 북베트남에 의해 통일되었고 베트남은 결국 공산화되었습니다. 월맹군의 공세가 치열해지자 공산치하에서 살고 싶지 않은 많은 사람들이 보트를 타고 미국 등 다른 나라로 떠나기 시작했습니다. 베트남사회주의공화국이 성립한 후에도 난민은 지속적으로 생겨났습니다. 베트남이 공산화된 후 공산정권은 남베트남을 대상으로 공산주의 사상교육을 하였고, 언론을 통제하고 탄압했습니다. 이 과정에서 심각한 인권 침해가 발생하였습니다. 이후 캄보디아와의 전쟁과 경제적 원인 등으로 베트남에서는 1980년까지 약 100만의 난민이 발생하였다고 합니다. 하지만 이러한 난민으로 인하여 베트남 음식과 문화가 세계 각지로 전파되는 계기가 되기도 하였습니다.

남베트남이 북베트남에 의해 공산정권이 된 이후 탈출하는 난민의 모습(출처: 위키피디아)

묽은 커피, 아메리카노의 탄생

여러분은 '얼죽아'라는 말을 들어보셨나요? '얼어 죽어도 아메리카노'라는 뜻으로 한겨울에도 아이스 아메리카노를 즐겨 마실 정도로 우리나라 사람들은 아메리카노를 좋아합니다. 세계적인 커피체인점 스타벅스에서도 2007년부터 2019년까지 우리나라 사람들을 대상으로 집계한 부동의 판매 1위는 역시 아메리카노입니다. 그런데 아메리카노라는 이름에 미국의 국가명이 들어가 있다는 것이 이상하지 않나요? 아메리카노라는 이름이 세계적인 커피음료가 된 과정은 전쟁과 관련이 깊습니다.

제2차 세계대전(1939~1945) 당시 미군 병사들에게 이탈리아 사람들이 마시는 에스프레소는 너무 쓰고 진하였습니다. 그래서 에스프레소를 연하게 먹기 위해 뜨거운 물을 부어 마셨는데 이것이 아메리카노의 시초라고 알려져 있습니다. 에스프레소는 '빠르다express'라는 뜻의 이탈리아어에서 유래한 이름으로, 높은 압력으로 짧은 시간에 추출한 농축 커피를 말합니다.

2019년 우리나라 기준 스타벅스의 연령대별 인기 커피 음료(출처: 스타벅스커피코리아)

<table>
<tr><th></th><th>1위</th><th>2위</th><th>3위</th></tr>
<tr><td>10대</td><td rowspan="5">아메리카노</td><td rowspan="5">카페라테</td><td>자바칩 프라푸치노</td></tr>
<tr><td>20대</td><td>자몽 허니 블랙티</td></tr>
<tr><td>30대</td><td>돌체 콜드브루</td></tr>
<tr><td>40대</td><td>돌체 라떼</td></tr>
<tr><td>50대 이상</td><td>디카페인 아메리카노</td></tr>
</table>

이탈리아 사람들은 에스프레소를 다른 나라와 구별하는 정체성의 일부로 생각하기도 합니다. 그만큼 이탈리아는 에스프레소에 대한 자부심이 대단한 나라입니다. 그런 이탈리아 사람들은 에스프레소에 물을 타서 묽게 만든 커피를 마시는 미군 병사들을 보고 "커피 맛 하나 제대로 즐길 줄 모르는 미국 촌놈들"이라고 비웃으며 아메리카노Americano라는 이름을 붙였습니다. 아메리카노는 이탈리아어로 '아메리카의(미국의)'라는 뜻입니다. 지금도 이탈리아에서는 아메리카노를 거의 마시지 않는다고 합니다. 이탈리아 사람들이 비웃는 아메리카노가 이탈리아에서 탄생했다니 아이러니합니다.

하지만 미국인들이 커피를 연하게 마시게 된 계기는 미국의 독립전쟁(1775~1783)으로 거슬러 올라가야 합니다. 1668년 커피가 미국에 상륙한 뒤 뉴욕, 보스턴, 필라델피아 등 미국의 동부 지역에서는 오늘날의 카페와 비슷한 커피하우스가 문을 열었습니다. 하지만 이때까지만 해도 미국인들은 영국 사람들처럼 차를 선호하여 커피 판매는 많지 않았습니다. 하지만 1773년 보스턴에서 일어난 차 사건으로 인해 미국의 역사는 완전히 바뀌게 됩니다.

제2차 세계대전 당시 미군의 배급 포스터
(출처: 위키피디아)

1773년 12월 16일 식민지의 미국 주민들이 보스턴 항구에 정박해 있던 영국 동인도 회사의 상선을 습격해 싣고 온 차 상자를 바다에 던져 버리게 됩니다. 이 사건은 영국 정부가 동인도회사에게 차 독점권을 주고 식민지 상인들을 무역에서 배제하자 불만을 가진 식민지 상인들이 일으킨 사건입니다. 분노한 영국 정부는 보스턴 항을 폐쇄하고 관련자를 처벌하려고 합니다. 여기에 맞서 식민지주민들은 차 불매운동까지 전개하면서 거세게 항거하였습니다. 독립전쟁의 결과 마침내 미국의 13개 주가 영국으로부터 독립을 선언하기에 이릅니다. 이 과정에서 영국식 차를 마시는 것보다 대체 음료로 커피를 마시는 행위를 더 애국적이라고 생각하게 되었습니다.

차에 대한 불매운동으로 차보다 커피를 마시는 문화가 확산되면서 유럽에서 값싼 커피 원두가 미국으로 들어 왔습니다. 하지만 차에 입맛이 길들어진 미국인들에게 유럽식 커피는 너무 진하고 쓰게 느껴졌을 겁니다. 여기에 물을 타서 차처럼 마시게 되었습니다. 아메리카노라는 이름은 제2차 세계대전 이탈리아 사람들이 미국인들을 비아냥거리는 데서 나왔지만, 아메리카노식 커피는 독립전쟁 이후부터 시작된 것입니다.

또 흥미로운 것은 우리가 즐겨 마시는 인스턴트 커피도 군대에서 유래되었습니다. 제7대 미국 대통령 앤드루 잭슨은 1832년에 미국 군대의 전투식량 정책을 바꾸었습니다. 그전까지 전투식량에는 사탕수수로 만든 럼주나 위스키 같은 알코올 음료가 포함되어 있었습니다. 하지만 잭슨 대통령은 전쟁 중에 술이 군인들의 사기와 정신력에 부정적인 영향을 미칠 수 있다고 판단했습니다. 따라서 그는 특별명령을 내려 알코올 음료를 제외하고, 대신 커피와 설탕을 전투식량에 포함하도록 지시했습니다. 대안으로 보급한 커피는 1861년 남북전쟁 시기에 군인들의 사기에 큰 영향을 미쳤습니다. 커피에 중독된 남군 병사 중에는 북군에게 휴전하자고 한 후 남군의 담배와 북군의 커피를 교환하는 일도 있었다고 합니다. 하지만 커피를 마시기 위해서는 번거로운 과정을 거쳐야 하는데 커피를 끓일 여유가 없는 전쟁터에서는 커피 원두를 씹는 것으로 대신하였다고 합니다. 그래서 군인들의 불편을 덜어 주고자 인스턴트 커피가 개발되었습니다.

에스프레소

제1차 세계대전(1914~1918)에서 미국은 물에 녹는 커피 분말을 발명해 참전군인들에게 보급하였습니다. 상업적으로 가루형 커피가 판매되었을 때는 대중의 입맛에 맞지 않아 큰 주목을 받지 못했습니다. 하지만 군대의 전투식량으로 보급되면서 대량으로 생산할 수 있고 휴대가 간편하고 쉽게 카페인을 보충할 수 있다는 점에서 군인들에게는 큰 인기를 끌었습니다. 전쟁의 긴장 속에서 인스턴트 커피는 작은 행복과 위안을 제공하는 데 충분했

미국 시애틀의 스타벅스 1호점

습니다. 전쟁이 끝나고 군인들이 고향으로 복귀한 후에 그 맛을 잊지 못해 만든 것이 믹스커피입니다.

스타벅스 얘기를 좀 더 해 볼까요? 스타벅스는 시애틀에서 선원들에게 원두를 판매하던 허름한 원두 소매상에서 시작되었습니다. 당시 스타벅스의 마케팅 이사였던 하워드 슐츠가 이탈리아로 출장을 가게 되었는데 그곳의 커피 바에서 종업원들이 고객들과 상호작용하는 것에 영감을 받았습니다. 이 아이디어를 적용하여 커피하우스를 창업하자고 경영진에게 제안했습니다. 하지만 이 제안은 받아들여지지 않았으며 경영진과의 의견 차이로 오히려 스타벅스에서 쫓겨났습니다. 그 후 슐츠는 '일 조르날레Il Giornale'라는 커피하우스를 개업하여 큰 성공을 거두고 결국 스타벅스를 인수하였습니다. 오늘날 전 세계에 영향력을 미치는 거대 커피 기업은 이렇게 탄생하게 됩니다. 지금도 시애틀의 파이크 플레이스에 가면 스타벅스 1호점이 관광객들의 발길을 붙잡습니다.

이후 스타벅스는 놀랄 만큼 성장했습니다. 1992년 미국 전역에 165개의 점포를 소유하게 되었고 전 세계에 진출하기 시작했습니다. 1987년부터 2007년 사이 스타벅스는 매일 평균 2개의 신규 매장을 열었습니다. 2022년 1분기 기준으로 80개국에 35,000여 개의 매장을 개설했습니다.

아라비카와 로부스타는 어떤 게 다른가요

상업용으로 재배되는 커피의 종류는 크게 아라비카와 로부스타 그리고 리베리카 등 세 종류로 분류합니다. 그중 아라비카가 70%, 로부스타가 25% 정도를 차지합니다. 아라비카종은 로부스카에 비해 해충과 질병, 기후변화에 취약하므로 세심한 관리가 필요합니다. 또한 단위 면적당 생산량이 적기 때문에 가격이 비쌉니다. 아라비카의 맛은 달콤한 맛이 나며 카페인이 적게 함유되어 있으며 섬세하고 산미감이 있습니다. 이에 반해 로부스타는 대부분 인스턴트 커피로 소비됩니다. 아라비카보다 카페인이 두 배 정도 더 많습니다. 로부스타의 로부스트Robust가 '튼튼한'이란 의미이듯 병충해에 강하고 기후에 덜 예민하지요. 아라비카에 비교하면 쓴 맛이 강하고 산미가 적습니다. 로부스타는 아라비카 가격의 절반 수준입니다. 하지만 아라비카를 고급 커피, 로부스타를 저급 커피로 구분하는 것은 맞지 않습니다. 로부스타 원두를 아라비카 원두와 적절히 블렌딩하였을 때 더욱 맛있고 풍성한 에스프레소가 추출되기 때문입니다(양두마리 블로그).

아라비카와 로부스타의 차이

스타벅스는 현대 커피 문화의 표준을 만들었다고 해도 과언이 아닙니다. 표준화된 메뉴와 커피 맛, 잔잔한 음악을 들으며 편안하게 시간을 보낼 수 있는 공간, 주문한 뒤 카운터에서 직접 커피를 찾아와야 하는 방식까지, 스타벅스 이후 생긴 다른 프랜차이즈 카페들도 스타벅스의 시스템을 모방하고 있습니다. 이제 스타벅스는 단순히 커피를 마시러 가는 공간이 아닌 도시 문화를 대표하고 사회적 관계를 맺게 해 주는 문화 공간의 대명사가 되었습니다. 미국의 사회학자 레이 올든 버그는 그의 저서 『The Great Good Place』(1989)에서 '제3의 공간'이란 개념을 말했습니다. '제1의 공간'이 집, '제2의 공간'이 사무실이라면, 나만의 시간을 갖는 공간은 '제3의 공간'이라 설명하였습니다. 사람들이 직장이나 집에 대한 관심에서 벗어나 여유를 찾고 싶은 공간을 스타벅스에서 찾고자 하는 것이 아닐까요? 현재 세계인이 마시는 아메리카노는 단순히 '물에 탄 에스프레소'가 아닌 미국식 문화를 확산시키는 대명사가 되었다고 해도 과언이 아닙니다.

뷔페가 바이킹식 식사라고?

우리가 생각하는 바이킹의 이미지

우리가 흔히 연상하는 바이킹은 강인하고 용맹한 모습과 더불어, 정복 지역에서의 무자비한 살육과 약탈로도 잘 알려져 있습니다. 이러한 이미지로 인해 대부분 바이킹을 매정한 약탈자로 묘사하고 있습니다.

현대식 뷔페의 모습

결혼식에 초대를 받게 되면 식사를 하고 오는 경우가 많습니다. 정해진 메뉴가 나오기도 하나 보통은 뷔페식인 경우가 많습니다. 뷔페는 음식을 기다리지 않고 먹을 수 있으며 자신들의 취향에 맞게 음식을 덜어 먹을 수 있어 사람들이 좋아하는 식사 방식입니다. 이러한 장점 때문에 고급 호텔의 레스토랑을 비롯하여 빕스, 애슐리, 쿠우쿠우 등 많은 외식 업체들도 뷔페식으로 운영하고 있습니다. 이러한 뷔페 요리의 기원은 여러 설이 있으나 스칸디나비아에서 비롯되었다고 보는 것이 유력합니다. 판자에 음식을 올려놓고 마음껏 먹게 하였던 바이킹의 식사 형태가 뷔페의 기원이라는 것입니다.

8세기 후반에 등장한 바이킹은 각지에서 약탈을 벌였습니다. 그들은 본래 스칸디나비아반도에서 농사를 짓던 오늘날의 스웨덴인, 노르웨이인, 덴마크인으로 노르만족에 속합니다. 바이킹이란 어원은 '작은 만vik'과 '사람ing'을 뜻하는 고대 스칸디나비아어로 '작은 만灣에서 온 사람'이란 뜻을 가지고 있습니다. 이들은 8세기 이후 스칸디나비아반도를 중심으로 발트해와 대서양을 무대로 활동했으며, 11세기에는 영국, 아이슬란드. 그린란드, 캐나다로 확장했으며, 튀르키예의 콘스탄티노플뿐만 아니라 이탈리아와 에스파

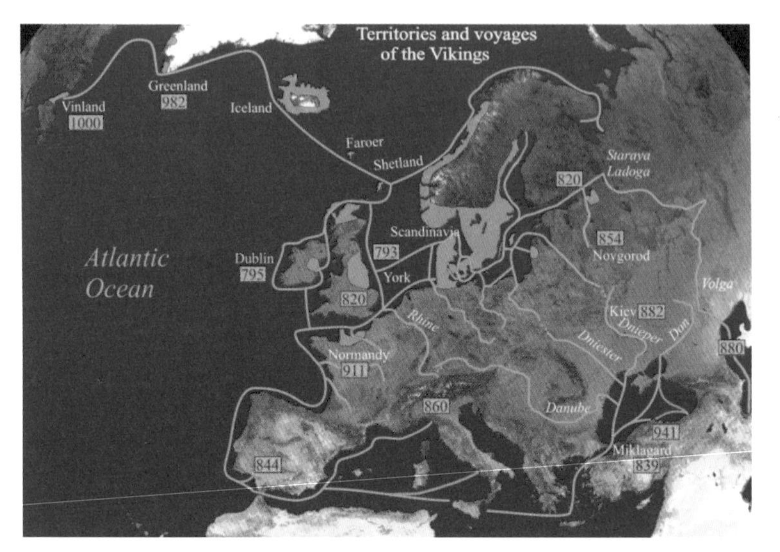

8~11세기 바이킹족의 이동 경로

바이킹은 8~11세기에 걸쳐 영국과 프랑스 해안을 따라 이베리아반도까지 진출했으며 남쪽으로는 흑해와 카스피해를 넘어 비잔틴 제국, 아라비아, 중앙아시아까지 도달했습니다. 또한 북서쪽으로는 아이슬란드와 그린란드까지 정복하는 등 활발한 활동을 펼쳤습니다(출처: 위키피디아).

냐의 항구까지 습격했습니다. 이들이 주로 활동한 발트해는 비교적 잔잔한 데 비해 북해는 예로부터 거친 바닷바람이 불어 항해하기 위해서는 목숨을 걸어야 할 정도로 상당히 위험했습니다. 그럼에도 불구하고 바이킹은 거친 북해를 건너 유럽의 대부분을 정복했습니다. 바이킹은 왜 위험을 무릅쓰고 거친 바다를 항해했을까요?

바이킹이 외부로 침략활동에 나서게 된 가장 큰 이유는 부족한 식량을 확보하기 위해서였습니다. 스칸디나비아반도의 중심부에는 스칸디나비아산맥이 자리 잡고 있어 전 국토의 약 95% 이상이 산지로 농사지을 평야가 부족한 곳입니다. 그리고 9세기 후반부터 12세기 초반까지는 '중세 온난기'로

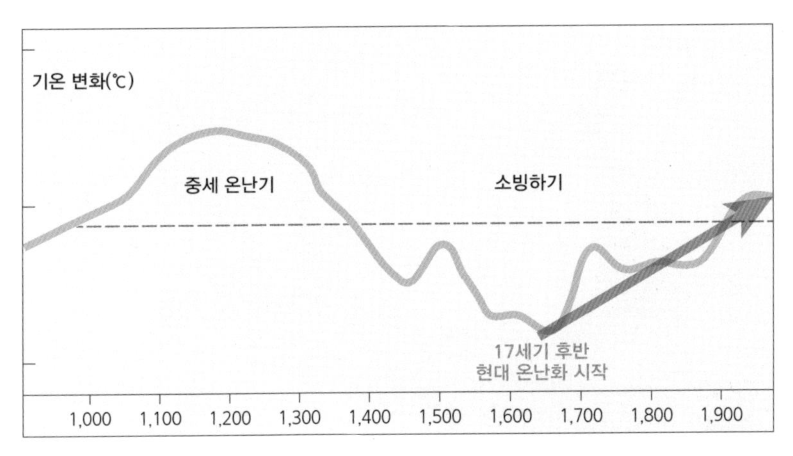

중세 온난기 기온 변화

중세 온난기는 9세기 후반부터 12세기 후반까지 나타난 기온 변화로 200년전에 비해 평균 기온이 1℃ 정도 높았습니다. 이 시기의 온화한 기후는 농업 생산성을 높이고 인구 성장과 도시화를 촉진했습니다. 이와 같은 기온 변화로 바이킹은 그린란드와 아이슬란드 같은 북쪽 지역으로 정착 범위를 넓힐 수 있었습니다.

200년 전에 비해 평균기온이 1℃ 정도 높았습니다. 1℃의 기온상승으로 곡물수확량이 증가하고 아동사망률이 감소하여 인구가 폭발적으로 증가하였습니다. 늘어난 인구를 부양하기 위해 바이킹족은 외부로 침략활동을 전개하였습니다.

바이킹들이 짧은 시간에 세력을 넓힐 수 있었던 이유는 뛰어난 기동성과 민첩성 때문입니다. 특히 바이킹의 항해술은 세계적으로 유명합니다. 바이킹들은 용을 숭배하는 문화가 있었는데 그들은 용머리를 배의 앞과 뒤에 장식한 용선을 제작하여 항해에 나아갔습니다. 배를 만들기 위한 재료로는 곧게 뻗은 참나무의 일종인 상수리나무를 사용했습니다. 바이킹족들은 천부적인 조선술 및 항해술을 바탕으로 발트해와 북해의 해상권을 장악한 후 전

바이킹 선박 박물관의 용선 사진(출처: 위키피디아)

유럽을 침략해 약탈을 일삼았습니다. 상대 국가들이 바이킹에 대항하기 위해 해협 입구를 막아 놓은 경우에도 이들은 기름칠한 통나무를 땅바닥에 일정한 간격으로 깔고 용선을 조금씩 밀어서 이동시켰습니다. 이와 같은 방식으로 강이나 호수가 나올 때까지 배를 이동시켜 내륙 지역까지 정복지를 확대해 나갔습니다.

유럽 여행을 하다 보면 곳곳에 바이킹의 흔적을 찾아볼 수 있습니다. 프랑스의 노르망디, 이탈리아의 시칠리아·나폴리 등에까지 바이킹의 영향이 미친 곳입니다. 9세기에는 아일랜드 더블린 지역으로 침입해 왕으로 군림하기도 하였습니다. 프랑스의 파리 루브르궁전도 바이킹의 침략을 막기 위해 건설한 것입니다. 우크라이나의 수도 키이우 또한 바이킹이 세운 도시일 정도로 바이킹의 진출 범위는 상당히 넓었습니다.

넓은 지역까지 진출한 바이킹의 흔적은 우리 생활까지 영향을 미치고 있습니다. 가령 오늘날 휴대기기 및 다양한 전자기기들을 서로 연결하여 정보를 교환할 수 있는 무선 기술인 '블루투스Bluetooth'란 말도 바이킹과 관련이 있습니다. 10세기 스칸디나비아반도를 통일한 전설적인 바이킹 왕 하랄 블로탄 고름손Harald Blåtand Gormsen은 블루베리를 너무 좋아해 치아가 항상 푸른색Bluetooth을 띠었다고 합니다. 스웨덴의 회사가 무선으로 연결하는 기술을 개발한 후 하랄 블로탄이 스칸디나비아를 통일했듯이 여러 무선통신 규격을 하나로 통일하겠다는 의미로 그의 별명을 따 '블루투스Bluetooth(파란 치아)'라고 이름을 붙였다고 합니다. 블루투스의 기호도 옛날 게르만족이 쓰던 특수한 문자인 룬 문자에서 가져왔습니다. 로고도 '하랄'과 '블로탄'의 이니셜 H, B에 해당하는 바이킹이 사용한 룬 문자 'ᚼ'와 'ᛒ'를 합쳐 만들었습니다.

바이킹은 무자비하고 야만적인 약탈을 일삼은 전사 이미지가 강한 것으로 알려고 있으나 일단 정착하면 효율적인 행정 운영에 능력을 발휘하였습니다. 현지 사정을 고려하여 통치방식을 채택하였으며 특히 다양한 민족과 종교를 포용하여 새로운 문화를 재창조하였습니다.

바이킹들은 정복 활동을 하면서 중요하게 강조했던 것이 공동체의 결속을 다지는 일이었습니다. 바이킹은 외부의 적들과 맞서 싸울 때는 용맹하

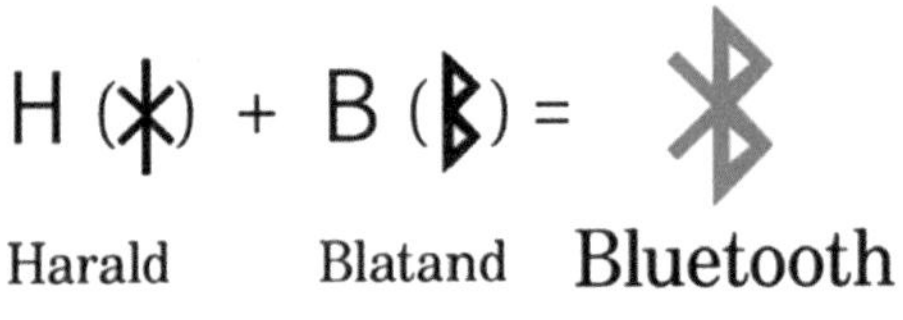

H (ᚼ) + B (ᛒ) =

Harald Blatand Bluetooth

바이킹의 왕이었던 하랄 블로탄의 이름에서 유래한 블루투스(파란 치아)

고 무자비하게 행동했지만, 동료들 사이에서는 강한 전우애와 공동체 의식을 중요시했습니다. 공평성과 공동의 의사결정도 바이킹 문화의 핵심 요소였습니다. 약탈이나 전리품을 얻었을 때 이를 공평하게 나누는 것은 신뢰와 공정성을 유지하는 데 중요했습니다. 또한 공동체 구성원 중 누군가 사망했을 때 다른 구성원들이 남겨진 가족들을 돌보기도 했습니다. 여성들에 대한 태도도 상당히 진보적이었습니다. 여성들은 남자와 동등한 자유와 권리를 보장받았으며 이러한 점들이 오늘날 북유럽 국가들의 성평등 문화의 뿌리가 되었다고 볼 수 있습니다.

이러한 문화가 이어져 바이킹들은 여러 바다를 누비면서 해적 활동을 하고 나면 약탈한 먹을거리를 긴 테이블에 펼쳐 놓고 모두 함께 식사를 하였습니다. 이것이 뷔페 문화의 원조라고 할 수 있습니다. 근대식 뷔페는 러시아에서 시작되었다고 전해집니다. 러시아는 추운 지역으로 주방에서 음식을 해서 날라다 주면 다 식어 버리기 때문에 아예 밥을 먹는 공간에서 조리하여 음식을 대접했던 것이 근대 뷔페의 시초라고 합니다.

우리나라에 뷔페가 들어온 것은 한국전쟁 때라고 하는데 북유럽에서 지원을 온 의료진들이 먹던 방식이 뷔페식이었다고 합니다. 지금은 없어졌지만, 서울시 중구 국립중앙의료원 구내에 스칸디나비안클럽이 있었습니다. 덴마크, 노르웨이, 스웨덴 등 스칸디나비아 3국의 국기가 중앙벽면을 장식한 뷔페식당이었습니다. 스칸디나비안 3국은 우리나라가 어려울 때 국립중앙의료원을 세울 수 있도록 도와준 나라이기도 합니다. 스칸디나비안 클럽이 없어지지 않았다면 바이킹 뷔페의 흔적을 조금이나마 느껴 볼 수 있었을텐데 아쉽습니다.

스칸디나비아반도의 피오르

노르웨이의 피오르 해안(출처: 위키피디아)

피오르는 '내륙 깊이 들어온 만'이란 뜻을 지닌 노르웨이어입니다. 노르웨이 일대의 피오르는 과거에 바이킹족들이 공격과 방어에 유리한 지형적 조건을 이용하여 해상활동을 전개하였습니다. 빙하는 퇴적된 눈이 얼음으로 굳어진 이후 중력작용으로 이동을 하는데, 이 얼음의 두께가 30m 이상이 되면 상당한 하중이 지표에 가해집니다. 중력에 의해 비탈 경사면을 따라 빙하가 이동하게 되면 지표의 바닥과 측면이 깎여 U자형의 골짜기가 형성됩니다. 이후 해수면이 상승하면서 바닷물이 들어와 과거 빙하가 흐르던 골짜기를 메우면 좁고 긴 협만이 생기게 됩니다. 피오르는 높이 약 1,000~1,500m의 깎아지른 듯한 절벽으로 수심도 깊습니다. 가장 대표적인 노르웨이의 송네피오르Sogne Fjord는 길이가 약 200km이며 최대 깊이는 1,300m, 양쪽 암벽의 높이는 1,000m가 넘습니다(대한민국 교육부 블로그).

나폴레옹 전쟁의 군수 발명품, 통조림

우스갯소리로 '작전이나 경계에 실패한 군인은 용서받을 수 있어도 배급에 실패한 군인은 용서받을 수 없다'라는 말이 있습니다. 같은 부대에서 어떤 군인은 배부르고, 어떤 군인은 배고픈 일이 발생해서는 안 된다는 얘기입니다. 그만큼 군인들의 사기를 북돋워 힘을 내서 싸울 수 있도록 양식이 잘 보급되는 것과 동시에 공평하게 분배되는 것이 중요함을 강조한 것이라 볼 수 있습니다.

수많은 전쟁사에서 곡물이나 야채, 고기 등의 식료품들이 상하지 않고 전쟁터의 병사들에게 안정적으로 보급되는 것은 당대의 최고 해결 과제였습니다. 프랑스혁명 이후 황제가 되어 유럽 전역을 전쟁터로 몰아넣었던 나폴레옹 또한 이 문제로 고심했다고 합니다. 그는 멋진 전략과 우수한 무기도 중요하지만, 프랑스 군인들이 잘 먹고 튼튼해야 전투에서 승리할 수 있다고 생각했습니다. 유럽 전역의 장거리 원정을 떠나면서 군수 물자 보급의 애로 사항을 겪은 나폴레옹은 1795년 음식의 장기 보존 방법 개발에 1만 2,000프랑의 현상금을 걸었습니다.

군대에 공급하는 식품을 신선한 상태로 완전히 저장할 수 있는 좋은 방법을 현상 모집한다는 소식에 자극을 받은 제과업자 니콜라 아페르Nicolas Appert는 제과공장과 포도주 양조장 등을 경영한 과거의 경험을 살려 최초의 전투식량 보존법을 고안하였습니다. 그의 아이디어는 요리한 식품을 유리병에 넣고 코르크 마개를 느슨히 막은 다음, 끓는 물에 30~60분가량 가열한 후, 뜨거울 때 코르크 마개를 단단히 막고 양초로 밀봉하는 아주 간단한 방법이었습니다. 그의 유리병 보존방식은 1806년 프랑스 해군의 테스트를 거친 후 채택되어 1810년 프랑스 내무부는 약속한 현상금을 시상했습니다. 병조림을 받아 본 나폴레옹은 크게 기뻐하며 당장 육군에게 병조림을 정식 군량으로 제공하라고 명을 내렸습니다.

요리사이자 발명가인 니콜라 아페르

「동물과 식물성 물질을 보존하는 기술」(1810)이라는 책을 출판하여 새로운 통조림 방법을 설명했습니다.

간편한 휴대식품인 병조림을 갖춘 프랑스군은 보급의 어려움을 걱정하지 않고 기동력을 발휘하며 유럽 전역에서 승리를 거두었습니다. 현상금 1만 2,000프랑을 병조림 시설공장에 투자한 아페르는 나폴레옹의 전쟁 때문에 엄청난 돈을 벌었습니다. 그런데 병조림을 가득 싣고 전쟁터에 나가 보니 또 다른 문제가 생겼습니다. 병조림은 유리병 때문에 파손율이 높았고 촛농

피터 듀랜드

이 음식에 베이는가 하면 햇빛 때문에 음식 색깔도 변하였습니다. 이 때문에 병 색깔을 검은색으로 바꾸기도 하였습니다.

한편 아페르가 병조림법을 개발한 바로 1810년 그해에 프랑스의 적국이었던 영국의 피터 듀랜드Peter Durand는 유리병 대신에 양철을 오려서 납땜으로 만든 양철 용기를 사용한 오늘날의 통조림과 유사한 형태의 획기적인 보관 방법을 고안했습니다. 양철은 깨지지도 않고 병보다 가벼운 소재였습니다. 그는 이 양철 용기를 틴 케니스터Tin Canister라고 불렀고 제작 기술에 대한 특허를 냈습니다. 오늘날 통조림 제조에 사용되는 양철관을 캔can이라고 부르는 것은 이 캐니스터canister라는 말에서 유래한 것입니다. 그런데 통조림은 나왔지만 정작 그 통조림을 열 따개가 없었습니다. 그래서 초기의 통조림은 망치나 날카로운 끌 혹은 송곳으로 열어서 먹어야 했습니다. 그 과정에서 예리한 통조림 뚜껑에 손을 베이는 사람들이 많았습니다. 또한 양철 용기를 만들 때 납땜질로 인한 냄새를 제거할 수 없었기 때문에 안정감을 주진 못하였습니다. 통조림 따개는 60년이 지난 후에나 개발되었기 때문에 통조림 캔이 간편하게 사용하는 데에는 오랜 시간이 걸렸습니다.

통조림 따개는 1870년 미국에서 윌리엄 라이만William Lyman_이라는 사람이 개발했습니다. 그가 고안한 따개는 바퀴처럼 되어 있었는데, 통조림 뚜껑을 따라 돌리면 예리한 칼날로 뚜껑을 열 수 있었습니다. 25년 전까지만 해도 통조림 따개가 사용되었지만, 최근에는 통조림 윗부분을 미리 살짝 잘라 놓고 따개를 붙여 놓은 원터치 캔이 나와 일상생활이나 군부대의 군수품으로 애용되고 있습니다.

통조림 따개

부와 생산성을 증가시킨 캔, 오늘날은 "깡통시대"

캔의 역사는 서구 문명의 역사이며, 캔의 혁신은 미국 번영의 원동력입니다. 200년 전, 최초의 캔은 전 세계를 탐험하고 세계 강국을 유지하기 위해 제작되었습니다. 신흥 국가 미국에서 캔은 대기업의 부를 창출하는 상징이었습니다. 미국인들이 매년 사용하는 1,300억 개 이상의 캔은 직접적인 경제활동에서 약 157억 달러를 창출합니다. 이 업계는 33개 주, 푸에르토리코 및 미국령 사모아에 공장을 두고 28,000명 이상의 직원을 고용하고 있습니다. 캔은 소비자 수요가 증가함에 따라 기술혁신도 빠르게 이루어졌습니다. 최초로 만들어진 양철 용기부터 오늘날 기계 생산으로 만들어진 가볍고 재활용이 가능한 용기에 이르기까지 캔만큼 식품을 오래 보존하는 용기가 없었습니다.

오늘날 우리는 생활 곳곳에서 통조림이 주는 편리함과 친숙함에 너무 많이 의존하고 있습니다. 현재를 '깡통문명'의 시대라고 표현하는 것도 당연합니다. 캔은 우리가 원하는 제품을 더 오래 보존하고 더 저렴하고 안전하고 쉽게 구할 수 있게 하여 우리의 식생활에서 필수적인 역할을 하고 있습니다. 통조림 제품의 혁신과 개선으로 삶과 여가에 더 많은 시간이 남았습니다. 앞으로도 연구와 지속적인 개선을 통해 캔은 일관되고 충실하게 현대 생활의 필수품이자 눈에 띄지 않는 숨은 영웅으로 남을 것입니다.

그리스와 로마인들이 즐겨 먹던 소시지

고대 서양 사람들의 주식은 무엇이었을까요? 흔히 빵과 고기를 생각하기 쉽습니다. 틀리지 않는 얘기입니다. 밀가루를 면으로 만들어 먹거나 쌀 위주의 섭취를 했던 동양인들과는 달리 그리스·로마인들은 주로 빵이나 밀가루죽을 만들어 먹었습니다. 집약적 농업이 가능하여 인구부양력이 높은 아시아보다 상대적으로 곡물 생산량이 적은 유럽은 빵과 함께 육류에 대한 소비량 또한 더 많았습니다. 하지만 유럽인들 역시 보리나 호밀, 옥수수, 메밀 등의 곡물 위주의 식사를 하였고 염장 음식과 발효 음식 등을 섭취했다는 점에서 아시아의 여느 전통 식단과 크게 다르지 않았습니다. 냉장고가 없었던 시절에 음식을 상하지 않고 오랫동안 저장해서 먹으려면 발효와 염장의 기술은 필수적이었습니다. 흔히 발효 음식이라면 동양인들은 김치, 젓갈, 된장, 요구르트 등을 주로 생각하지만, 서양인들이 즐겨 먹는 빵, 포도주, 맥주, 치즈, 버터 또한 모두 발효 음식들입니다.

소시지 만드는 법

가장 기본적인 소시지 레시피는 다음과 같습니다. 2.5~5cm로 썬 살코기와 지방을 4:1 비율로 섞은 다음 소금을 고기의 총무게의 1~2% 정도 넣어 줍니다. 이를 잘 섞은 다음 냉장고에 하루 정도 보관하고, 다음날 미트 그라인더나 푸드 프로세서로 고기를 갑니다. 이때 손으로 잘 문질러 주어야 단백질이 서로 끈끈하게 결합합니다. 마지막으로 소시지 케이싱(소시지 모양을 잡는 얇은 껍질)에 채워 넣거나 모양을 내서 바로 조리합니다.

100년 전까지만 해도 서양인들이 섭취했던 동물성 단백질의 대부분은 소시지, 햄, 베이컨, 절인 생선 등의 염장 음식이었습니다. 곡물 위주의 식사와 염장과 발효 음식을 주로 섭취했던 것은 서양인이나 동양인이나 마찬가지였던 것입니다.

이 중 소시지는 고대부터 오늘날까지 애용되어 온 대표적인 염장식품으로 곱게 다진 육류에 양념을 한 서양식 순대입니다. 으깨어 양념한 고기를 돼지창자나 인공 케이싱casing(주로 소시지 반죽을 채워 넣는 포장 재료나 내용물을 감싸서 고정하는 것을 말함)에 가공하지 않은 상태로, 또는 연기를 이용해 가공하거나 소금에 절인 상태로 채워 넣습니다. 소시지의 어원이 라틴어인 살수스salsus(소금에 절인다는 뜻)에서 왔는데 이렇게 음식을 소금으로 절이는 것은 수 세기 동안 식품을 저장하는 데 사용해 온 가공법이

서양 소시지와 우리나라 순대
우리나라의 전통 음식인 순대는 돼지 창자에 숙주, 우거지, 찹쌀 등과 돼지 선지를 섞어서 된장으로 간한 것을 채워서 삶은 음식입니다. 만드는 방법이 소시지와 비슷합니다.

었습니다.

소시지는 인류 역사상 가장 오래된 가공식품 중 하나로 언제부터 먹기 시작했는지에 대한 명확한 기록은 없습니다. 인간이 소금을 이용해 먹고 남은 고기를 보존하는 방법을 알게 된 이후에 소시지를 만들기 시작한 것으로 보이며, 고대 오리엔트 문명에서 시작된 것으로 추정됩니다. 다만 기원전 9세기에 쓰여진 호메로스의 『오디세이아』에는 다음과 같은 기록이 있습니다.

"저 늙은이(오디세우스)와 이로스 중 이기는 자한테 우리가 모닥불에 굽고 있는 창자 요리를 주겠다." 여기서 창자 요리란 염소 위장에 돼지, 염소들의 피(선지)와 비계를 넣어 만든 음식으로, 소시지에 관한 언급으로는 이것이 가장 오래된 것입니다.

지중해 문명의 주도권이 그리스에서 로마로 넘어가면서 소시지도 함께 전파되었는데, 로마인들은 그리스인들이 만든 소시지를 다양하게 발전시켰습니다. 소시지는 대부분 돼지창자에 잘게 다진 돼지고기와 피를 넣어 만들었지만, 쇠고기와 돼지고기를 섞어 만든 것도 있었습니다. 처음에는 귀족

같은 지배계층들만 먹었던 소시지는 포에니 전쟁Punic Wars 승리 이후 본격적인 로마의 발전기에 접어들면서 서민들도 먹는 식품으로 대중화되었습니다.

'사랑의 묘약'으로 불리는 초콜릿은 근래 상업적 목적으로 밸런타인데이에 연인끼리 사랑을 확인하는 선물이지만, 소시지는 고대 로마시대부터 축제 음식으로 초콜릿만큼의 인기 식품이었습니다. 밸런타인데이의 유래를 찾아 역사를 거슬러 올라가면 고대 로마의 루퍼칼리아Lupercalia 축제를 그 기원으로 보는 설이 유력합니다. 로마에서는 2월 13일부터 15일까지 악귀를 몰아내고 건강과 풍요와 다산을 기원하는 루퍼칼리아 축제가 열렸는데 즐겨 먹었던 축제 음식이 바로 소시지였습니다.

당시 로마에서는 젊은 남녀가 서로 접촉하는 것을 엄격하게 막았는데 이 축제 기간 동안에는 만날 수 있도록 허락하였습니다. 젊은 여자가 자기 이름을 적은 쪽지를 항아리에 넣으면 남자가 이를 골라 짝을 정한 후, 서로 교제를 했는데 결혼으로 골인하는 경우도 있었다고 합니다. 그러나 이교도의 축제인 루퍼칼리아 축제가 마음에 들지 않았던 초기 기독교인들은 엉뚱하게 축제 음식인 소시지를 박해하였습니다. 고기와 향료를 섞어 만든 소시지 덕분에 술도 많이 마시게 되고 문란한 분위기를 만든다는 이유로 콘스탄티누스대제는 '소시지 금지령'을 내렸습니다.

콘스탄티누스대제는 '밀라노 칙령(313)'을 선포한 황제로 박해를 받던 크리스트교를 공인하여 로마제국의 부흥을 위해 노력했던 최초의 크리스천입니다. 금지령의 명분은 일반 서민이 이처럼 맛있는 것을 먹는다는 것은 사치이므로 소시지를 먹어서는 안 된다는 것이었습니다. 그럼에도 로마시민들의 소시지에 대한 사랑은 변함이 없었고 소시지 금지령은 계속적인 반발만을 야기했으며 아무런 효과를 거두지 못한 정책이 되고 말았습니다.

콘스탄티누스의 소시지 금지령이 로마 사회에 끼친 영향과 변화

소시지가 대중들에게 인기 있는 음식이었던 만큼 소시지 금지령은 많은 반발을 불러일으켰습니다. 특히 로마 사회 하층민들은 소시지를 주요 식량으로 삼았기 때문에 금지령은 그들의 생활에 큰 어려움을 초래했지요. 따라서 금지령에도 불구하고 소시지의 불법 생산과 판매가 이루어졌습니다. 이는 로마 사회의 불안을 심화하고 정부의 권위를 약화하는 요인이 되었습니다. 또한 소시지는 이교 문화와 밀접하게 연관된 음식이었기 때문에 금지령은 기독교와 이교 사이의 갈등을 심화했지요. 많은 이교도가 소시지 금지령을 기독교의 억압으로 여길 정도였습니다. 기독교는 금지령을 통해 음식 문화까지 발을 넓히면서 강력한 사회적 영향력을 갖추었습니다.
한편 소시지 금지령은 로마 제국의 음식 문화와 시장 경제 상황의 변화를 가져왔습니다. 사람들은 소시지 대신 다른 음식을 찾아야 했고 이는 새로운 음식 문화의 발전을 촉진했습니다. 소시지 금지령은 소시지 생산에 필요한 축산업에 타격을 입혔습니다. 소시지 생산 감소로 인해 많은 축산업자가 경제적 어려움을 겪었으며 소시지 암시장이 형성되었습니다. 이는 정부의 세입 감소와 불법 활동 증가를 초래했습니다. 결국 소시지 금지령은 로마의 식품 산업 전반에 영향을 미쳐 경제 활동을 위축하게 했습니다. 콘스탄티누스 1세 사후에야 그의 후계자들이 시민들의 반발과 경제적 손실을 고려하여 소시지 금지령을 완화하였습니다. 이러한 조치 이후로 로마 사회의 불안이 해소되었고 경제 활동이 활발해지기 시작했습니다.

오스만제국과 오스트리아 전쟁에서 생겨난 빵, 크루아상

중앙아시아의 유목민족인 튀르크족은 15세기 중엽에 비잔티움 제국을 정복하여 아시아·유럽·아프리카 세 대륙에 걸치는 광대한 영토를 지배하였습니다. 또한 비잔티움 제국의 콘스탄티노폴리스를 차지한 후 이스탄불로 이름을 고쳐 오스만제국의 수도로 삼았습니다. 오스만제국의 10대 술탄인 술래이만 1세는 오스만제국의 영토를 확대하여 전성기를 누렸습니다. 이 시기 오스만제국은 20여 개의 민족과 5,000만 명의 인구를 가진 대제국이었습니다. 1521년에는 동유럽의 베오그라드를 1541년에는 헝가리를 정복하였으며, 1540년에는 에스파냐와 교황의 연합 함대를 격퇴하여 지중해 해상권을 장악하기도 하였습니다. 그야말로 16~17세기는 오스만 튀르크의 세상이었습니다. 하지만 오스만은 여기에 그치지 않고 유럽으로 발길을 돌려 계속해서 영토를 확장하기에 이릅니다.

동유럽을 통째로 지배한 오스만제국은 이어서 1683년에 서양에서 가장

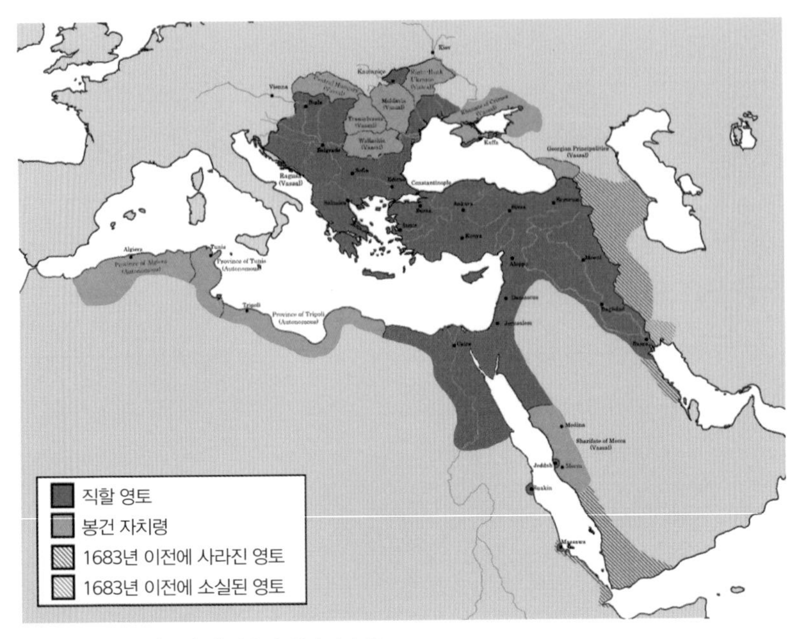

1683년 오스만제국의 영토(출처: 위키피디아)

큰 정치 세력이었던 합스부르크 제국의 본거지, 오스트리아 빈까지 진격해 진을 칩니다. 당시 기록에 의하면 30만 명의 튀르크군이 친 천막만 약 2만 5,000개였고 빈의 성을 중심으로 포위하고 있었다고 합니다. 성의 주인 레오폴드국왕은 사태가 일어나자마자 북부 지방인 린츠로 피신하였고, 국왕이 없는 성엔 턱없이 부족한 병사와 시민들만이 남아 있을 뿐이었습니다. 대치하고 있는 오스만 튀르크 병사에 수적으로 열세인 빈은 이제 풍전등화의 상태였고, 엎친 데 덮친 격으로 갇혀 있던 성에 먹을 것이라곤 남아 있지 않았습니다. 게다가 역병이 돌기도 하여 성안의 인구는 줄어들 대로 줄어져 있었습니다. 그러나 이러한 어려운 상황 속에서도 오스만제국의 삼엄한 포위망을 뚫고 프로이센 등 주변 연합군에게 지원군을 요청하여 연합군 병력 5만 명이 빈으로 입성할 수 있게 되었습니다. 지원 병력에 힘입어 사기가 오른 오스트리아와 연합군은 오스만 튀르크 병사가 성안으로 들어오기가 무섭게 이들을 하나씩 무너뜨렸습니다. 결국 방어망을 도저히 뚫을 수 없게 된 오스만 군대는 퇴각하기에 이릅니다. 1683년 9월에 벌어진 빈 전투에서 오스만제국은 패배하였고 그들의 유럽 영토 확장 시도는 이를 끝으로 모두 끝나게 되었습니다.

당시 성안의 제빵사였던 피터 벤더Peter Wender는 승리의 기쁨을 함께 나누고자 오스만제국의 깃발에 그려진 초승달 모양으로 빵을 만들었습니다. 그 빵 '피처'는 전쟁의 무용담과 함께 합스부르크 세력권의 모든 나라에서 먹는 빵이 되었고, 이후 오스트리아 사람들은 전쟁에서 패배한 오스만제국의 상징을 닮은 빵을 먹으며 이를 기념하였습니다.

합스부르크 왕가의 딸, 마리 앙투아네트는 1770년 14세의 어린 나이로 프랑스의 루이 16세와 정략결혼을 합니다. 당시 오스트리아는 프로이센의 위

튀르키예(과거 오스만제국)의 국기와 전통적인 오스트리아 킵펠 쿠키

킵펠Kipferl은 오스트리아, 독일, 체코, 헝가리에서 즐기는 초승달 모양의 비스킷입니다. 현대적인 의미의 크루아상과는 맛과 재료에 차이가 있습니다.

크루아상

크루와상은 밀가루, 이스트, 물, 소금으로 만든 간단한 바게트 같은 프랑스의 전통적인 빵과는 달리, 실제로 버터, 달걀, 설탕을 많이 사용해서 확연히 구분됩니다. 프랑스 사람들이 많이 먹는 빵이라서 프랑스 빵이라고 생각하기 쉽지만, 원래는 오스트리아에서 만들어졌습니다.

협에 대응하고자 전통적으로 불편한 관계였던 프랑스와 동맹관계를 강화해야 할 필요가 있었습니다. 자신의 고향에서 멀리 떨어진 프랑스에서 마리 앙투아네트는 어린 시절 향수에 젖어 우울함을 견디며 살고 있었습니다. 그런 그녀가 향수를 달랠 수 있는 길은 어린 시절 고향에서 먹던 음식을 먹는 것이었습니다. 그녀는 왕실 요리사에게 피처라는 빵을 설명하며 만들도록 지시하였습니다. 왕실 요리사들은 이 빵이 프랑스 왕실의 다른 음식에 비해 수준이 낮다고 생각해 여기에 버터와 이스트를 첨가하여 모양은 같지만 다른 빵을 만들었습니다. 그리고 그 빵의 이름을 프랑스어로 초승달을 뜻하는 '크루아상Le Croissant'이라 이름을 붙였습니다.

이때부터 마리아 앙투아네트는 아침마다 그 빵을 먹으며, 자신이 가장 좋아하는 음료인 커피와 함께 아침을 시작하곤 했습니다. 이 소식을 전해 들은 프랑스 전역의 귀족들은 평소 주목하고 바라보던 마리 앙투아네트의 아침 식사를 먹고 싶어 했습니다. 그리고 이 식사 메뉴는 귀족을 지나 평민으로 그리고 유럽 전역으로 점점 퍼져 나갔습니다. 이때부터 크루아상과 한잔의 커피는 대륙의 음식 문화로 자리매김하였습니다.

제5장

종교와 기원

종교적인 이유로 일부 종교에서는 금기시하는 음식도 있습니다. 유대교와 이슬람교에서는 돼지를 혐오하고, 인도의 힌두교에서는 소를 신봉하여 먹지 않습니다. 그런데 놀랍게도 일부 이슬람국가에서는 돼지를 사육하기도 하고, 심지어 인도에서는 소고기를 수출하기도 하며 햄버거를 파는 가게도 있습니다. 모든 이슬람교도가 돼지를 금기시하는 게 아니라 일부 이슬람교도들은 훌륭한 단백질인 돼지고기를 먹는 것입니다. 마찬가지로 모든 인도인이 소고기를 먹지 않는 게 아니라 힌두교도를 제외한 다른 교도들은 소고기를 먹는 것입니다. 우리나라의 사찰 음식에서는 육식을 금하고 채식해야 하는 불교의 계율이 있어 고기와 어패류를 찾아볼 수 없습니다. 대신 우리가 즐겨 마시는 차나 약식, 약과가 불교에서 유래되었습니다. 여기에는 어떤 이야기가 숨겨져 있을까요?

한국의 대표 사찰 음식, 장아찌와 약식

K팝과 K드라마 등 한류 문화의 선풍적인 인기로 우리나라를 찾는 해외 방문객들이 급격히 증가하였습니다. 서울의 경복궁과 창덕궁 등 5대 궁궐을 비롯해 북촌과 서촌같이 우리의 역사와 문화가 깃든 장소들을 둘러보고 전통예술 공연단 '지지대악' 공연과 사물놀이, 부채춤 공연을 즐깁니다. 여기에 하나 더, 최근에는 스님이 직접 만든 사찰 음식 체험도 단골 여행 상품이 되었습니다.

그러나 신기한 사실은 소박해 보이는 사찰음식이 우리나라를 찾는 외국인들에게는 '럭셔리 관광'을 대표하는 음식이 되었다는 것입니다. 뉴욕타임스와 영국 가디언지, 그리고 세계 최정상 셰프들만 출연한다는 넷플릭스 다큐 〈셰프의 테이블〉에 사찰 음식이 소개되면서 이제는 사찰 음식이 한류의 콘텐츠 중 하나가 되었습니다.

그렇다면 우리나라의 사찰 음식은 언제 어떻게 발달한 걸까요? 사실 태국, 라오스, 캄보디아 등 상좌부 불교를 믿는 남방불교 문화권 지역에서는 사찰 음식이 크게 발달하지 못했습니다. 음식을 저장하거나 조리하는 것을 경전에서 금지하고, 승려가 집집마다 돌아다니며 염불을 외고 곡식을 동냥하는 탁발托鉢이 있었기 때문입니다. 탁발을 하지 않고 음식을 섭취하는 것은 물질에 대한 집착으로 무소유를 실천하는 승려의 삶과는 거리가 있었습니다. 반면 우리나라와 중국, 일본 등 북방불교 문화권 지역은 사찰마다 고유한 음식 문화가 있었습니다. 삼국시대부터 육식을 금하는 불교의 계율에 따라서 육류보다 채소류 음식이 발전하기 시작하였습니다. 특히 선종(참선 수행으로 깨달음을 얻는 것을 중요시하는 불교 종파)에서는 노동을 수행의 일부로 여겨 탁발을 부정적으로 보았습니다. 승려들이 스스로 밭을 갈아 농사를 짓고, 수확한 곡식과 채소로 음식을 요리해 먹으면서 사찰 요리는 더욱 발달하였습니다. 삼국시대 때 중국에 유학을 갔다 온 승려들이 차를 들여왔고, 그 시절부터 사찰을 중심으로 차 재배가 이루어졌습니다. 고려시대에 들어서부터는 불교가 국교로 지정되면서 불교에서 장려하는 차 마시기가 널리 유행하였고 이와 함께 다과상 차림이 하나의 문화가 되었습니다. 억불정책을 폈던 조선시대에 들어와서는 차茶 문화는 쇠퇴하게 되었고, 숭늉이나 술로 대체되었습니다. 또한 향약鄕藥을 섞어 만든 탕湯, 화채, 식혜, 수정과 등도 발전할 수 있었습니다. 차를 올려 지낸다고 하여 차례라고도 불렸던 제사는 술을 대신해서 올리는 것으로 바뀌었습니다.

불교는 고대 중국의 양나라 황제 소연이 발표한 단주육문斷酒肉文(종묘 제사에 조차 고기와 술을 쓰지 않고, 술과 육식을 금하는 포고령)을 공포함에 따라 고기와 오신채(향이 강한 자극성 식물인 파, 마늘, 달래, 부추, 흥거 등 다섯 가지 재료)를 사용하지 않는 채식주의를 지향하게 되었습니다. 고기와 오신채를 익혀서 먹으면 음란한 마음이 일어나게 되고, 날것으로 먹으면 성내는 마음이 더하게 된다고 보았기 때문입니다. 이에 따라 사찰 음식에서는 고기와 양념으로 사용되는 오신채를 사용하지 않게 되었습니다.

산지에서 나는 신선한 나물로 만드는 조리법과 적은 양의 장류로 맛을 살리는 여법(사찰 음식에서 적은 양으로 최소한의 맛을 살리다는 원칙을 의미)의 원칙 등도 함께 만들어졌습니다. 김치를 담그는 데 있어 오신채를 넣지 않고 조리하는 사찰김치는 우리가 아는 일반김치와는 전혀 다른 맛이 납니다. 무엇보다 계절에 알맞게 채소와 곡식류 등의 특성을 살려 조리하면서

한국의 대표적인 사찰 음식인 장아찌와 약식

장아찌는 '장에 담근 지', 약식은 '약이 된다'고 하여 이름 붙여진 우리나라의 전통 음식입니다.

우리나라만의 독창적인 음식 문화를 발전시켜 올 수 있었습니다. 그중 대표적인 음식이 장아찌와 약식입니다. '장醬에 담근 지'라는 뜻의 장아찌는 계절에 따른 기온 차가 심하여 농산물 생산에 제한이 큰 우리나라에서 사계절 동안 채소 공급을 위한 필수적인 저장 음식이었습니다. 산마늘, 명이나물, 눈개승마, 두릅, 더덕, 죽순, 산초, 연근, 방풍나물, 궁채, 머위 등 산이나 들판에서 쉽게 구할 수 있는 나물과 채소를 비롯해 감, 복숭아, 매실 등의 과일을 재료로 사용하였습니다. 여기에 오신채를 전혀 넣지 않고 직접 담근 장만으로 숙성시켜 음식 본연의 맛을 살려 낸 음식이 바로 장아찌입니다. 자연에서 쉽게 구할 수 있는 소박한 식재료로 만들어 우리나라 승려의 수행과정과 함께하는 음식 중 하나가 되었습니다.

약식藥食은 말 그대로 약藥이 된다고 하여 이름 붙여진 음식입니다. 대체로 우리나라에서는 꿀을 흔히 약藥이라 하였기 때문에 꿀이 들어간 음식을 말합니다. 쌀, 나물, 버섯, 잣, 밤, 대추 등의 식재료에 진간장, 두부장, 산초가루, 버섯가루 등의 첨가물로 맛을 낸 사찰 음식입니다. 『삼국유사』에 의하면 신라 소지왕 10년(488) 정월 15일 천천정天泉亭에 왕이 행차하여 위기에 처했을 때 까마귀가 이를 알려 주어 위기를 모면할 수 있었다고 합니다. 이후 이를 기념해 까마귀 제사를 지내면서 지었던 찰밥이 약식의 기원이 되었다고 합니다. 고려시대에 들어서 약식은 찰밥에 기

약과

약식으로 만든 과자인 약과는 고려시대에 몽골로 전파되어 고려병으로 불렸습니다.

름과 꿀을 섞고 잣, 밤, 대추를 넣은 형태로 발전하였습니다. 불교를 국교로 삼았던 고려왕조에서는 제사상에 물고기를 올리는 것을 금지하였을 때 약식으로 만든 과자인 약과藥果로 대신하였습니다. 한편 고려의 약과는 후에 몽골로 전파되었고, 고려병高麗餠으로 불리며 많은 사랑을 받았습니다. 심지어 명종과 공민왕 때는 약과의 인기로 관련 물가가 급격히 올라 백성들이 큰 어려움을 겪게 되었습니다. 이로 인해 고려왕실에서는 약과 제조 금지령까지 내렸을 정도였습니다. 조선시대에 들어와서 약식은 대표적인 기호식품으로 자리를 잡았습니다.

이처럼 장아찌와 약식 등은 오랜 시간과 공을 들여 만든 음식입니다. 건강과 환경에 대한 중요성이 커지면서 한때 고기가 없어 외면받았던 사찰 음식은 이제 비거니즘Veganism* 실천하는 채식주의자들뿐만 아니라 일반대중들이 즐겨 찾는 대표 음식이 되었습니다. 모든 음식에 약효가 있다는 '약식동원藥食同源'이라는 말처럼 건강과 윤리적 소비를 소중히 여기는 현대인에게 사찰 음식을 최고의 선물이 되었습니다. 현재 우리나라뿐만 아니라 전 세계 많은 사람이 사찰 음식의 가치에 주목하기 시작하였습니다. 2022년 세계적인 요리학교인 르꼬르동블루에서 사찰 음식을 채식전문과정Plant-Based Culinary Arts의 정규과목으로 채택하였을 정도입니다. 한국 전통 식문화의 가치를 담고 있는 사찰 음식, 단순히 음식으로서가 아닌 한류 문화의 한 장면으로서 분명 새로운 한류를 이끌어 나가게 될 것입니다.

---

* 비거니즘이란 동물에 대한 착취를 거부하고자 동물성이 아닌 과일·채소·곡물 등 식물성 식품을 선택하는 음식 문화의 사례입니다.

우리나라의 지역별 대표 사찰 음식

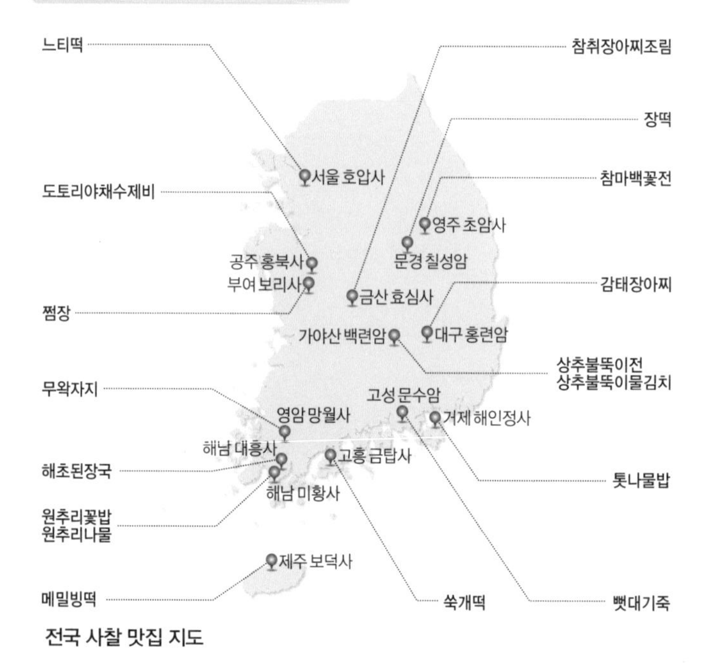

전국 사찰 맛집 지도

우리나라의 사찰 음식은 지역에서 쉽게 구할 수 있는 재료를 사용합니다. 이를 통해 지역 고유의 풍미를 간직한 사찰 음식을 만들어 내었습니다. 경기도 여주시의 신륵사는 연꽃밥과 백김치가, 강원도 인제군의 백담사는 연잎밥과 산나물 비빔밥이 유명합니다. 경상남도 양산에 있는 통도사는 두릅무침과 표고밥, 그리고 가죽으로 만든 김치, 생채, 전, 튀각이, 합천의 해인사는 송이밥과 상추 불뚝김치, 가지지짐이 유명합니다. 전라남도 구례군 화엄사의 상수리잎 쌈밥이, 순천시의 송광사는 연근과 죽순으로 만든 김치와 장아찌가, 해남군의 대흥사는 동치미가 유명합니다.

한·중·일 라면 기원의 아이러니

우리나라는 세계라면협회WINA에서 발표한 2022년 라면 소비량 순위에서 8위를 차지할 정도로 라면 소비량이 많은 나라입니다. 특히 2021년 베트남에 1위 자리를 내주기 전까지 무려 8년 동안이나 연간 1인당 라면 소비량

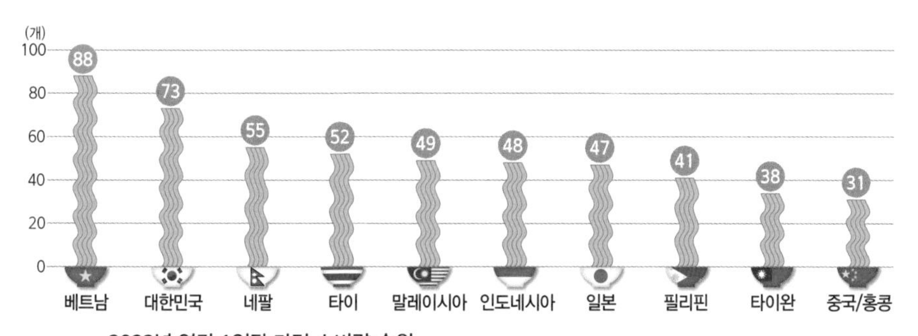

2022년 연간 1인당 라면 소비량 순위

우리나라는 2021년 베트남에 1위 자리를 내주기까지 8년 동안이나 연간 1인당 라면 소비량 순위 1위를 차지했었습니다. 2023년 총소비량에서는 중국, 인도네시아 등에 이어 8위를 차지하고 있습니다(출처: 세계라면협회).

납면을 뽑는 모습

밀가루 반죽을 칼로 썰지 않고 손으로 잡아당겨 면발을 늘인 국수를 납면이라고 합니다. 현재도 중국에서는 납면을 즐겨 먹습니다(출처: Youngjediboy at 위키피디아 영어).

1위를 차지하기도 했습니다. 맛있어서 먹기도 하지만 간혹 생존을 위해, 또는 나가서 사 먹는 것조차 너무나 귀찮아서 누구나 한 번쯤은 해 봤을 요리, 그래서 요리를 못하는 사람도 대부분 할 줄 아는 요리가 바로 라면입니다.

전 세계적으로 일본의 '라멘ラーメン'이 워낙 유명하고, 우리나라에도 많은 라멘 체인점이 있어 우리나라 사람들은 대부분 라면이 일본에서 기원한 음식이라고 생각합니다. 하지만 일본 사람들은 라면을 중국 요리로 인식하고 있습니다. 지리적으로 가까운 한중일 3국에서 모두 즐겨 먹는 라면, 대체 어디서 시작되고 어떻게 우리에게 전해져 사랑받게 된 것일까요?

라면은 본래 '납면拉麵'이라고 부르는 면발이 가는 중국 국수였습니다. 메이지 유신 직후 요코하마 차이나타운에 들어온 중국인들에 의해 납면이 일본에 소개되었습니다. 납면을 중국에서는 '라미엔'이라 발음했는데, 이 라미

멘이 일본에서는 라멘ラーメン이라고 불리게 되었습니다. 현재도 일본에서는 ラーメン 대신 拉麵으로 라멘을 표기하기도 합니다. 그리고 일본의 라멘이 우리나라로 전해지는 과정에서 라멘ラーメン의 '라ラー'는 그대로 유지한 채 '멘メン'에 해당하는 한자 '면麵' 부분만 한국 한자음으로 읽은 '라면'이 상품명으로 정해지면서 라면이라는 용어가 등장하게 되었습니다. 그러나 일본의 '라멘'이 주로 정식 면요리를 지칭하는 반면, 한국의 '라면'은 주로 인스턴트 라면을 지칭하는 말입니다. 그렇다면 이 인스턴트 라면*은 언제 어떻게 만들어진 것일까요?

지금과 같은 형태의 간편한 인스턴트 라면을 개발한 것은 닛신日清식품의 사장 안도 모모후쿠安藤百福였습니다. 제2차 세계대전 후 일본은 극심한 식량난에 시달려야 했습니다. 안도 모모후쿠는 집에서 간편하게 먹을 수 있는 라면을 개발한다면 식량난에 큰 도움이 될 거라 생각했습니다. 그러던 어느 날 젖은 면을 기름에 튀기면 면의 수분이 증발하면서 구멍이 생기는데, 이 상태로 건조했다가 뜨거운 물을 부으면 면이 본래의 상태로 풀어지게 된다는 것을 알게 되었습니다. 게다가 기름에 튀겨 말린 면은 생면보다 보존성도 훨씬 좋았습니다.

이 아이디어를 토대로 1958년, 안도 모모후쿠는 양념을 하여 기름에 튀긴 후 건조한 면에 닭뼈 육수로 맛을 낸 치킨라멘을 출시하였습니다. 가격은 비쌌지만 간편하게 먹을 수 있는 편리함 덕에 치킨라멘은 불티나게 팔렸습니다. 이 라면이 바로 우리가 아는 인스턴트 라면의 원조입니다. 이후 묘조

---

* 참고로 북한에서는 꼬불꼬불한 라면 특유의 형태 때문에 '꼬부랑국수'라고 하는데, 최근에는 '즉석국수' 또는 '속성국수'라고 부른다고도 합니다.

明星식품의 사장 오쿠이 기요스미奥井清澄가 양념 스프를 별도로 제공하는 인스턴트 라면을 개발했습니다. 이 라면이 현재 우리가 먹고 있는 '스프 별첨 라면'의 시초입니다.

인스턴트 라면이 우리나라에 처음 소개된 것은 1963년이었습니다. 삼양식품 전중윤 명예회장은 묘조식품에서 라면 제조 기술과 기계를 도입하여 삼양라면을 출시하였습니다. 생소한 맛과 조리법에 처음에는 사람들의 반응이 냉랭했지만 라면의 간편한 조리법은 차츰 소비자들의 마음을 사로잡았고, 1965년부터 시작된 정부의 혼분식 정책과 맞물리며 라면은 빠르게 한국 사람들의 식생활 속에 자리 잡게 되었습니다. 이후 얼큰한 국물을 좋아하는 한국인의 입맛에 맞게 스프가 개량되면서 한국 라면은 일본 라멘과는 차별화된 고유의 맛을 내게 되었습니다. 이후 짜장라면, 비빔라면, 매운라면, 해물라면 등 다양한 종류의 라면이 등장하면서 라면은 한국인이 가장 사랑하는 간편식이 되었습니다.

중국에서 시작된 라면은 중국에서 일본으로, 다시 일본에서 우리나라로 전해졌습니다. 중국의 납면과 일본의 라멘, 그리고 우리나라의 라면은 현재 전혀 다른 음식이라고 보아야 할 만큼 오랜 시간 속에 많은 변화를 겪어 왔습니다. 가장 늦게 라면을 만들기 시작한 한국의 최대 라면 수출국이 라면의 원조 격인 중국이라는 점을 라면의 역사와 나란히 놓고 살펴본다면 참으로 아이러니하지 않을 수 없습니다. 또한 지리적으로 가까운 세 나라의 라면이 각국의 특색에 맞게 발전했다는 점 또한 참으로 재밌는 일인 것 같습니다.

세계로 진출하는 한국 라면

극강의 매운맛을 자랑하는 불닭볶음면의 누적 판매량이 40억 개를 넘어서면서 세계인 2명 중 1명은 불닭볶음면을 먹어 본 셈이 되었습니다. 불닭볶음면은 국내뿐 아니라 해외에서도 선풍적인 인기를 끌며 한국을 대표하는 '매운맛', '매운 라면의 대명사'로 통합니다. 특히 한국인조차 매워하는 이 맛에 도전하는 외국인들의 모습이 각종 SNS와 동영상 공유 사이트에 소개되면서 '코리아 파이어 누들 챌린지'가 하나의 문화 콘텐츠로 자리 잡게 되었습니다.

불닭볶음면(출처: 위키피디아)

러시아에서 판매되고 있는 도시락(출처: 위키피디아)

한편 러시아에서는 컵라면을 '도시락'이라고 부릅니다. 바로 우리나라 '팔도 도시락'이 러시아에서만 60억 개 이상 판매되며, 러시아의 국민 컵라면으로 자리 잡고 있기 때문입니다. 도시락이 러시아에서 큰 인기를 끌 수 있었던 가장 대표적인 요인은 철저한 현지화 전략입니다. 포크에 익숙한 러시아인들을 위해 포크를 넣어 편의성을 더했고, 마요네즈를 즐겨 먹는 러시아인들의 식습관에 착안해 마요네즈 소스를 추가한 컵라면을 출시하는 등 다양한 전략으로 러시아 사람들의 마음을 완전히 사로잡았습니다.

몽골인들이 물고기를 먹지 않은 이유는?

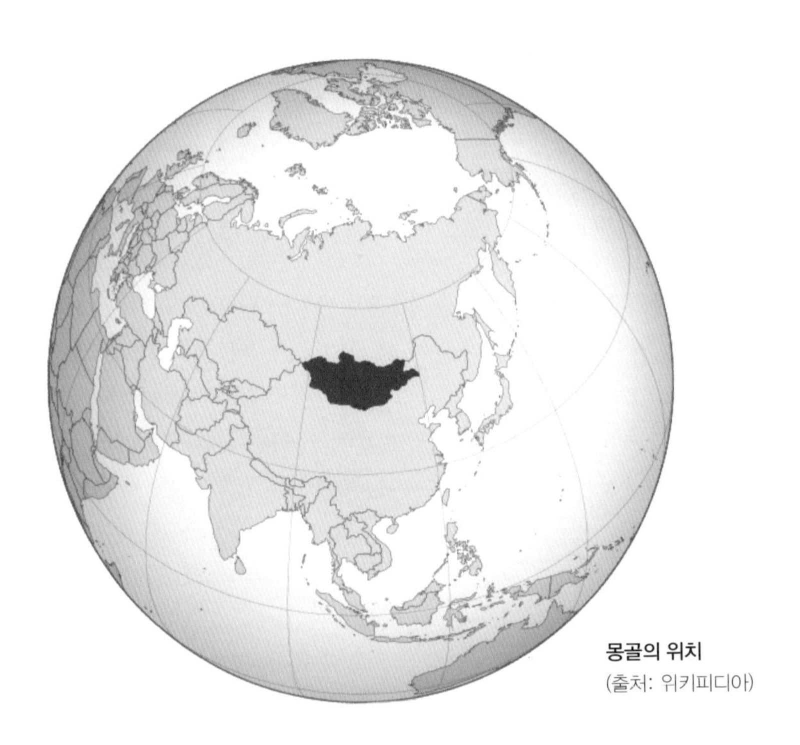

몽골의 위치
(출처: 위키피디아)

몽골은 평균고도가 1,580m인 고지대에 위치한 나라로 동쪽으로는 넓은 초원이 펼쳐져 있고, 남쪽으로는 거대한 사막이 자리 잡고 있습니다. 남쪽으로는 중국, 북쪽으로는 러시아에 둘러싸여 있는 내륙 국가이지요. 주변국이 워낙 크다 보니 국토가 작아 보이지만 사실 한반도의 7배나 크답니다. 고위도에 위치하여 연교차가 크고 겨울이 길고 추울 뿐만 아니라 비가 적고 건조한 기후가 나타납니다.

일 년 중 추운 날이 많아 몽골인들은 양, 염소, 말 등을 키우며 유목생활을 하다 보니 지방 함량이 높은 육식과 유제품을 섭취합니다. 이 때문에 몽골 음식을 일컬어 붉은 음식과 하얀 음식으로 이야기하곤 합니다. 아침에 일어나면 동물의 젖을 짜서 만든 끓인 수태차로 하루를 시작합니다. 이를 병에

유목생활을 하는 몽골

넓은 초원이 펼쳐진 몽골은 오랫동안 유목민족의 삶의 터전이었습니다. 전통적으로 몽골인들은 양, 염소, 말 등을 키우며 이동식 가옥인 게르에서 생활했습니다.

넣어 들고 다니면서 수시로 마십니다. 또한 젖으로 치즈를 만들고 마유주를 담기도 합니다. 말을 잡게 되면 생고기로 먹기도 하고, 이를 말린 다음 가루를 내어 육포가루로 만들어 이동하면서 탕으로도 만들어 먹기도 합니다. 이렇게 유목생활을 하며 아시아와 유럽을 호령했던 몽골인들은 광대한 영토를 가지고 있었던 만큼 음식을 가리지 않을 것 같지만, 이들이 먹지 않는 음식이 있습니다. 그건 나물과 물고기입니다.

먼저 몽골인들이 나물을 먹지 않은 이유는 기후적인 환경 때문입니다. 서늘하고 건조한 날씨에 견디기 위해 몽골인들은 지방 함량이 높은 육식을 주식으로 하였습니다. 그래서 유목민들 사이에서 나물 먹는 것을 매우 가난하고 하찮게 보는 풍조가 있었습니다. 척박한 환경 탓에 몽골 승려들도 육식이 허용됩니다. 또한 인간이 먹는 나물을 말, 소, 양 등의 가축들이 먹기 때문이기도 합니다. 풀도 잘 자라지 못하는 건조한 기후 환경에서 곡식을 키우는 것은 매우 어렵습니다. 광대한 초원이 펼쳐져 있지만, 유목민들이 이동 생활을 하지 않는다면 초원은 금세 사라질 것입니다. 초원에 자라는 풀로 유목민들이 나물을 해 먹는다면 어떤 일이 발생할까요? 인간이 가축들의 또 다른 경쟁자가 됩니다. 가축들은 풀을 먹다가 부족해지면 풀뿌리마저 먹어 치우게 되죠. 초원은 점차 사막화되면서 사라지게 되고 결국 가축도 인간도 살아갈 공간을 잃게 됩니다.

또한 몽골인들은 물고기도 먹지 않습니다. 평소 비가 적게 내려 물을 소중히 여기는 유목민에게 물은 '생명수' 그 자체입니다. 호수나 하천의 물고기를 잡으려면 물을 더럽혀야 하니 이러한 행위를 유목민들은 자연스럽게 멀리하게 된 것입니다. 흥미로운 사실은 칭기즈 칸이 어린 시절에는 호수에서

몽골 국장 소욤보

'소욤보'로 불리는 몽골의 국장 안에 동그란 문양은 태극 문양이 아니라 물고기 두 마리를 그린 것입니다(출처: 위키피디아).

낚시질을 하며 물고기를 잡아먹었다는 것입니다. 적들이 쳐들어와 아버지가 독살당하고 황량한 초원에 버려졌을 때 그는 타르박이라는 야생 쥐와 물고기를 잡아먹으며 목숨을 연명했습니다. 하지만 칸이 된 이후 그는 격언집 '빌리크'에 "옷이 완전히 너덜너덜해지기 전에 빨래를 해서는 안 된다"라고 명시했을 정도로 물을 귀하게 여겼습니다.

몽골인들이 물고기를 먹지 않는 또 다른 이유는 라마교의 영향 때문입니다. 라마교는 티베트의 다신교적인 토속종교와 은둔적인 성향의 힌두교가 혼합하여 독특한 의식을 가진 불교의 한 종파로 라마교의 정식 명칭은 '티베트 불교'입니다. 몽골에서는 칭기즈 칸의 손자로 13세기 말 원나라를 세운 쿠빌라이 칸Khubilai Khan 때 국교화되었고, 16세기 몽골 전역으로 확산되었습니다. 라마교에서는 물고기를 신성시합니다. 힌두교의 전쟁 영웅이었던 라마는 최초의 인류로 알려진 마누의 후손입니다. 전설에 마누가 물에 빠져 허우적대고 있을 때 커다란 물고기가 구해 줘서 살 수 있었다고 전해집니다. 이러한 이유로 티베트 불교에서는 물고기를 생명의 은인으로 신성시하게 되었습니다. 물고기는 '소욤보(1686년 몽골의 티베트 불교 승려이자 학자이던 자나바자르에 의해 개발된 아부기다 문자 체계로, 몽골어, 티베트어, 산스크리트어를 표기할 수 있도록 고안)'라고 불리는 몽골의 국장國章에까지 그려져 있을 정도로 귀하게 여깁니다. 자세히 보면 한가운데 태극 문양이 보이는데, 사실 이것은 태극 문양이 아니라 두 마리의 물고기가 유영하는 모습입니다. '물고기처럼 두 눈 꼿꼿이 세워 나라와 민족을 보호해 달라'라는 의미를 담고 있습니다. 몽골인들은 물고기가 물속에 살고 있지만 눈이 밝아서 늘 인간의 삶을 살핀다고 믿습니다. 잠잘 때도 눈을 감지 않는다는 물고기는 밤새 인간들의 잠자리도 지켜 준다고 여깁니다. 이러한 종교적인 신념이 오랫동안 유지되면서 몽골인들은 물고기를 먹는 것을 매우 부끄럽게 여겨 왔습니다.

그렇다면 지금도 몽골인들은 나물과 물고기를 먹지 않을까요? 현재 몽골에서는 스시를 비롯한 해산물 요리와 나물무침, 김치 등이 큰 인기를 얻고 있습니다. 유목민 사이에서 내려오는 오랜 전통은 도시화의 진전과 함께 한국, 미국, 일본 등 여러 국가의 문화가 유입되면서 새롭게 변화하고 있습니다.

피시소스에서 탄생한 케첩

케첩 없는 핫도그, 케첩 없는 프렌치프라이가 상상되시나요? 토마토를 싫어하는 아이들도 좋아하는 토마토소스가 바로 케첩입니다. 새콤달콤한 맛 덕에 다양한 음식들과의 궁합이 좋아 요샌 집집마다 하나씩은 꼭 구비해 두는 필수적인 소스가 되었습니다.

사실 케첩은 채소나 과일을 가공한 진액에 설탕과 소금, 그리고 다양한 향

프렌치프라이의 단짝, 케첩

신료 등을 넣어 만든 소스를 통칭하는 말입니다. 하지만 세계적으로 토마토를 이용한 케첩이 가장 많이 소비되기 때문에 흔히 '케첩=토마토케첩'으로 통용됩니다.

케첩 하면 가장 먼저 떠오르는 나라는 보통 미국입니다. 햄버거가 미국을 대표하는 음식이듯, 케첩은 미국 음식 문화를 상징하는 소스입니다. 이런 이미지 때문에 케첩이 미국이나 유럽에서 만들어진 것으로 생각하는 사람들이 많지만, 사실 케첩이 처음 만들어진 곳은 다름 아닌 중국입니다.

그럼 케첩은 어떻게 만들어졌을까요? 케첩의 시초는 베트남의 느억맘 소스nước mắm 같은 피시소스Fish sauce*입니다. 16세기 무렵 중국 광둥성 지역과 타이완 아모이 지역 사람들은 생선에 소금, 식초, 향신료 등을 넣어 톡 쏘는 맛을 내는 피시소스를 만들었습니다. 그리고 이 소스를 물고기를 뜻하는 규鮭와 국물을 뜻하는 즙汁을 합해 규즙이라고 불렀으니, 규즙은 생선 액젓(피시소스)이라는 의미입니다. 이 규즙을 지역에 따라 케첩, 쿠에찹, 코에찹 등으로 불렀는데 학자들 이 규즙을 케첩의 원조로 보고 있습니다. 그래서 지금도 동남아시아 지역에 가서 케첩을 달라고 하면 피시소스를 내어 주기도 합니다.

이 피시소스는 17세기에 네덜란드와 영국의 동인도 회사 선원들에 의해서 유럽으로 건너갔고, 이 소스는 원산지에서 불리던 이름을 따서 케첩catchup으로 불리게 되었습니다. 동양에서는 생선으로 만든 값싼 소스에 불

---

* 생선을 소금 등에 절여 발표시켜 만든 소스로 우리나라에서는 액젓이라고 부르기도 합니다. 베트남의 느억남, 태국의 남쁠라 등이 대표적이며, 우리나라의 까나리액젓과 멸치액젓도 일종의 피시소스입니다.

필리핀 마트에서 파는 다양한 피시소스
(출처: 위키피디아)

대표적인 피시소스인 베트남 느억맘 소스

과했지만, 유럽에서는 동양에서 온 신비로운 소스로 소개되면서 케첩은 값비싼 교역품이 되었습니다. 이후 영국에서 양을 늘리고 값은 낮추며 영국인의 입맛에 적합한 맛을 내기 위해 양송이를 케첩의 주원료로 이용하면서 케첩은 갈색을 띠게 되었습니다.

이 양송이 케첩이 미국으로 건너가 남북전쟁 이후 토마토와 만나게 됩니다. 전쟁으로 먹을 것이 부족해지면서 미국 정부는 저렴하고 빠르게 키울 수 있는 토마토를 대량으로 재배해 공급했습니다. 이 토마토를 이용해 제조

원가를 낮춘 케첩을 만들게 되었는데 이게 우리가 알고 있는 현재의 토마토케첩입니다. 그리고 주로 토마토 농가에서 제조하여 판매되던 토마토케첩은 1876년, 현재 세계 최대의 케첩 회사인 하인즈Heinz에 의해 처음으로 상용화되었습니다. 이 과정에서 보관 기간을 늘리고, 단 것을 좋아하는 미국인의 입맛에 맞게 설탕의 양을 크게 늘리면서 단맛이 강한 현재의 케첩이 만들어지게 되었습니다.

하인즈 케첩

토마토케첩은 조선 말기 서양 문물의 개방과 함께 우리나라에 흘러들어온 것으로 추정됩니다. 그리고 1971년 8월, 오뚜기에서 '도마도 케찹'이라는 이름으로 가정용 케첩을 처음 선보였습니다. 당시 케첩은 햄버거, 오므라이스 등 서양 음식의 풍미를 한껏 살려 주는 소스로 어필되면서 큰 인기를 끌었습니다. 이후 햄버거 등 패스트푸드의 확산 덕에 케첩은 누구에게나 익숙한 소스가 되었고, 이제는 남녀노소가 다양한 요리에 곁들여 먹는 소스 중 하나로 자리 잡았습니다.

이렇게 아시아에서 만들어진 피시소스가 아시아에서 유럽, 유럽에서 미국으로 전해지면서 서민이 즐겨 먹는 저렴한 토마토케첩으로 대중화되었습니다. 특유의 새콤달콤한 맛 덕에 다양한 요리에 이용되면서 이제 케첩은 미국을 대표하는 소스이자 전 세계인에게 가장 사랑받는 소스 중 하나가 되었으며, 2023년 세계 케첩 시장 규모는 무려 약 165억 달러(약 22조 원)에 달합니다.

토마토의 원산지와 전파

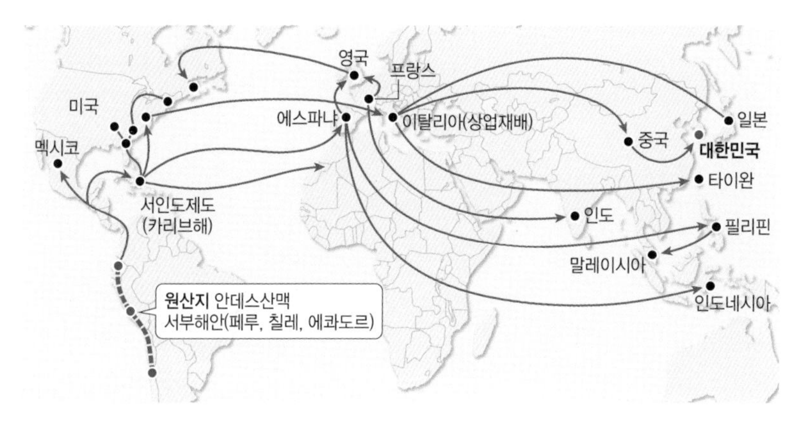

역사로 본 토마토의 전파 경로

토마토는 남아메리카 안데스산맥 서쪽의 페루, 에콰도르 일대에서 재배되기 시작하였습니다. 이후 아메리카 원주민들의 이동에 따라 중앙아메리카로 전파되면서 다양한 요리에 이용되었습니다. 그리고 16세기 초, 라틴아메리카 여러 나라를 식민 지배한 에스파냐가 감자, 옥수수 등과 함께 토마토를 유럽으로 가져와 남유럽을 중심으로 재배되었습니다. 유럽인들은 처음엔 토마토가 독초인 맨드레이크와 닮았다는 이유로 먹기를 꺼려 했기 때문에 주로 관상용으로 재배하였습니다. 그러다 18세기에 이탈리아에서 파스타와 피자에 토마토 소스를 사용하게 되면서 식용으로 널리 재배되게 되었습니다. 그리고 유럽 국가들의 식민 지배에 의해 아프리카나 아시아 등으로 전파되며 토마토는 세계적으로 소비되는 작물이 되었습니다.

1613년 간행된 이수광의 『지봉유설芝峰類說』에 토마토를 뜻하는 '남만시南蠻柹'라는 명칭이 기록되어 있는 것으로 보아 우리나라에는 조선 선조나 광해 시기에 들어온 것으로 추정되고 있습니다. 남만시는 에스파냐, 포르투갈 등 남방의 국가에서 들어온 감이라는 뜻으로 우리말로는 일년감이라고 부르기도 하였습니다. 하지만 우리나라에서 토마토 재배가 일반화된 것은 1960년대 즈음입니다. 미국산 토마토 가공식품이 우리나라에 들어오면서 토마토에 대한 관심과 수요가 늘어났고, 이후 전국적으로 재배되었습니다.

소를 신봉하는 인도 vs 소고기 수출국인 인도

2014년 인도 수도 뉴델리에서는 햄버거 전문점인 버거킹 1호점이 첫 문을 열었습니다. 버거킹이 인도 시장에 내놓은 대표적인 메뉴는 전 세계적으로 선풍적인 인기를 얻었던 메뉴인 와퍼였습니다. 혁신적인 메뉴로 인도인들을 공략하여 인기를 얻었는데 성공 비결은 무엇이었을까요? 소를 신성시하는 힌두교의 전통에 맞춰 와퍼 안에 소고기 대신 양고기와 닭고기 패티를 넣었기 때문이었습니다.

인도는 힌두교, 이슬람교, 기독교, 시크교, 불교 등의 여러 종교가 혼재되어 있지만 모든 분야에서 인구의 약 80%를 차지하는 힌두교의 영향을 받고 있습니다. 산스크리트어로 '거대한 물'을 의미하는 '신두Sindhu'에서 유래된 '힌두Hindu'는 히말라야산맥과 데칸고원 사이의 인더스강과 갠지스강 유역을 말합니다. 그래서 힌두교는 힌두 지역에서 사람들이 신봉하는 종교를 의미합니다.

인도의 힌두교에서 신성시하는 소

소는 힌두교의 여러 신들과 연관하여 순수와 평화를 상징합니다. 특히 힌두교 신자들은 흰 암소에게 여신과 같은 신성한 힘이 있다고 믿습니다.

기원전 2000년경 유목생활을 하던 아리아인들이 갠지스강이 흐르는 북인도 지역에 들어와 정착생활을 하면서 소는 농경에 필수적인 요소가 되었습니다. 소는 논밭을 일굴 때 쟁기를 끄는 힘이 되었고, 운송 수단과 먹거리를 제공하였습니다. 당시 아리아인들은 여러 신을 신봉하였고, 이것이 발전하여 힌두교의 전신인 브라만교가 탄생하였습니다. 인도의 카스트제도에서 지배층인 브라만 계급이 주축이 되어 이름 붙여진 것입니다. 초창기에는 소를 제사에도 이용하고 고기를 먹기도 하였습니다. 하지만 농경에서 소가 미치는 영향이 크다 보니 신들을 위한 제사에 소가 제물이 되는 것에 대한 불만이 많았습니다. 이에 브라만에 반기를 들고 살생을 하지 않고 채식을 하는 불교와 자이나교가 큰 호응을 얻었습니다. 점점 카스트의 위상까지 흔들리게 되자 제사장 격인 브라만들은 두 종교의 교리를 받아들여 육식을 중단하게 되었습니다. 이후 소를 살생하는 것은 브라만을 죽이는 것과 같이 받아들여졌습니다. 살생하지 않는 것은 브라만의 종교 생활의 실천계율로까지 발전하였고, 소는 신들이 영물로 힌두 경전에 올라가게 되었습니다.

브라만교에서 발전한 힌두교 역시 다신교입니다. 기독교나 불교처럼 특정의 교조가 없고 다양한 신화와 전설, 관습을 통해 유지해 오고 있습니다. 힌두교가 하나의 종교로서 기능을 할 수 있게 만든 것은 카스트제도입니다. 브라만, 크샤트리아, 바이샤, 수드라의 계층구조가 종교뿐만 아니라 사회와 직업 등 모든 분야에 복잡하게 얽혀 있습니다. 힌두교에서 신봉하는 신은 정말 많습니다. 제1신으로 세상을 창조하는 브라흐마, 제2신으로 세상을 유지하고 보호하는 비슈누, 제3신으로 세상을 파괴하는 시바 등이 대표적입니다. 소는 시바신이 타고 다니는 동물로 여겨지며 등에 난 혹에 시바신이 머문다고 여길 만큼 신성시하는 동물입니다. 지금도 시바신전 입구에는 수소를 탄 시바의 초상이 걸려 있습니다. 또한 자비의 신인 크리슈나는 암소의 보호자로 그려져 있습니다. 인도의 신화 속에서는 제물을 받치려 세상의 모든 소를 잡아들일 때 크리슈나가 이 소들을 구했다고 전해져 내려오고 있습니다. 소들을 구해 낸 크리슈나를 기념하기 위해 열렸던 디왈리Diwali는 오늘날 힌두교 최대의 축제가 되었습니다.

특히 힌두교에서 암소는 여신과 같은 신성한 존재로 인식합니다. 암소를 돌보거나 함께 있는 것만으로도 행운이 깃든다고 믿으며, 여기서 나오는 우유, 치즈, 버터, 소 오줌, 소똥 등 모든 것을 신성하게 여깁니다. 우유, 치즈,

힌두교를 대표하는 시바Śiva와 소

시바는 힌두교에서 신성시하는 대표적인 신 중 하나입니다. 시바가 타고 다니는 소 역시 신이 곁에 머문다고 여길 만큼 신성시되고 있습니다.

자비의 신 크리슈나Kṛṣṇa와 흰소

버터는 사람들에게 음식으로 쓰였고 소 오줌과 소똥 등은 이마에 발라서 은혜를 기원하거나 연료로 사용됩니다. 소똥의 재를 청소에 사용하고, 마루를 정화하는 의식에도 사용됩니다. 축제에서는 소똥으로 신의 모습을 빚기도 합니다. 심지어 소가 지나가면서 일으키는 먼지조차도 효능이 있다고 여겨 의약품의 재료로도 사용됩니다. 암소는 윤회 사상과도 밀접한 관련이 있습니다. 세상의 모든 존재가 열반을 향한 각각의 단계에서 영혼이 있다고 봅니다. 소의 경우 인간이 되기 전의 단계로 악마로부터 86번의 윤회를 거친 영혼입니다. 만약 암소를 살생하게 될 경우 가장 낮은 단계로 내려가서 이 과정을 다시 밟아야 인간이 될 수 있습니다. 특히 암소에는 3억 3,000만의 신이 깃들어 있는 것으로 봅니다.

이렇게 소를 신성시하다 보니 소를 보호한다는 명분으로 하위카스트나 무슬림을 향해 폭력을 휘두르는 자경단 활동도 곳곳에서 일어나고 있습니다. 특별한 이유도 없이 폭력과 성폭행을 당하고 죽임까지 당하는 소고기

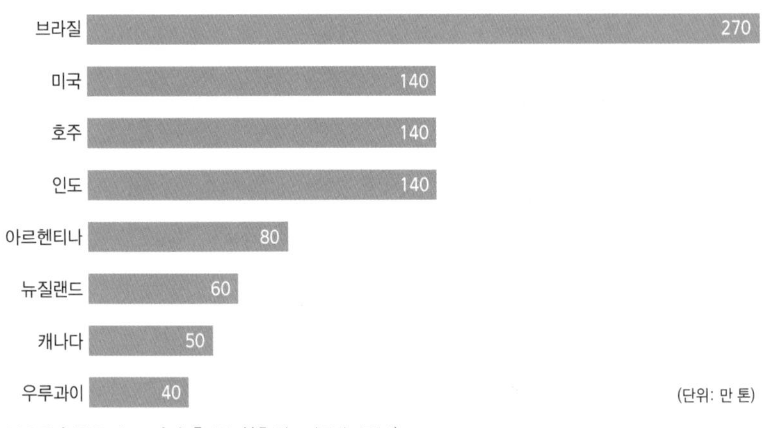

2021년 주요 소고기 수출 국가(출처: 미국 농무부)

살인사건이 지속적으로 발생하면서 계층 간·종교 간 갈등도 커지고 있습니다.

인도는 인구가 많고 민족과 종교 등이 다양하다 보니 우리가 알고 있는 사실과는 다른 모습들이 많습니다. 그중 하나가 인도 사람들이 소고기를 먹지 않는다는 것입니다. 하지만 이는 힌두교들에 한정된 것입니다. 인도에서 소의 도살이 허용된 주의 인구만 무려 5억 5,000만 명에 달합니다. 인도 인구의 약 12%에 달하는 2억 명의 무슬림에게 소는 신성한 것도, 먹지 말아야 할 것도 아닙니다. 이들은 인도의 소고기 산업을 이끌어 가는 생산자이자 소비자입니다. 미국 농무부USDA에서 발표한 2021년 소고기 수출 국가 순위에서 미국·호주와 함께 공동 2위에 올랐을 정도로 인도는 아르헨티나·뉴질랜드 등을 뛰어넘는 세계적인 소고기 수출 국가입니다. 물론 여기서도 신성시하는 흰 소 외에 검은 소나 물소인 버팔로가 주로 사육되고 고기로 판매됩니다.

돼지고기를 먹지 않는 무슬림과 유대인들

혹시 할랄halal 푸드라는 말을 들어 본 적이 있나요? 할랄 푸드는 요즘 세계적인 음식 트렌드로 자리 잡은 무슬림의 음식 문화를 말합니다. 원래 '할랄halal'은 아랍어로 '허락된 것'을 의미하며, 식품, 제약, 관광, 의료, 화장품, 의류, 도서 등은 물론 행동이나 규율, 제도까지 무슬림 사회의 다양한 분야에 적용됩니다. 따라서 할랄 푸드는 먹을 수 있는, '허락된 음식'을 뜻합니다. 독이 없어야 하고 정신을 혼미하게 하지 않아야 하며 위험하지 않아야 합니다. 가축들은 도축 직전 건강하게 살아 있어야 하고, 도축 과정에서도 아무런 고통 없이 죽어야 합니다. 피를 완전히 제거해 부패도 막습니다. 이렇게 허락된 음식에는 할랄마크를 붙입니다. 사실 무슬림에게 있어서 이 마크는 '유기농'보다 더 중요한 기준이 됩니다.

반대로 무슬림에서 금기시하는 것들도 있습니다. 아랍어로 '금지된 것'을 의미하는 하람haram입니다. 혼인 전에 성관계, 살인, 문신, 도박, 이자를 받

세계의 할랄 음식 인증: 한국이슬람중앙회 인증, 말레이시아 JAKIM 인증, 미국 IFANCA 인증
(출처: 각 인증기관)

는 행위와 돼지고기, 알코올 등을 먹는 행위 등이 하람입니다. 하람 푸드는 말 그대로 '금지된 음식'을 의미합니다. 약 1400년 전부터 시작된 할랄과 하람에 관한 무슬림의 식문화는 오늘날까지 이어지고 있습니다.

할랄과 하람 음식은 이슬람교의 경전인 꾸란에 규정해 놓고 있습니다. 그리고 꾸란, 하디스(마호메트의 말과 행동을 기록) 등을 바탕으로 만들어진 이슬람교 율법 '샤리아'에도 이들 음식을 규정해 놓고 있습니다. 하람 푸드를 보면 알라의 이름으로 도살하지 않은 동물의 고기, 돼지고기와 술, 도축하기 전에 죽은 동물 등이 있습니다. 이 중에서도 돼지는 무슬림들이 가장 배척하는 동물이랍니다. 돼지를 만진 후에는 손을 꼭 씻어야 하고, 돼지가죽으로 만든 제품을 사용해서도 안 됩니다. 더욱이 돼지고기를 먹어서도 안 됩니다. 사실 돼지를 이슬람교에서 멀리하게 된 것은 7세기 이슬람교가 출현하기 이전, 고대부터 페니키아와 이집트, 바빌로니아 등에서부터였습니다. 소와 양, 염소 등 되새김을 하는 반추동물들은 풀이나 건초, 잎사귀 등을 먹어 인간들의 식량과 경쟁 관계가 아니었습니다. 농사를 짓는 데 쟁기를 끌거나 이동 수단으로 활용되면서 농업 생산성을 높였지요. 배설물은 퇴비로 활용되었을 뿐만 아니라 추위를 막기 위한 연료로도 사용되었습니다.

반면 돼지는 물이 부족한 건조 지역에서는 키우기 적합하지 않았습니다. 무더운 기후에 맞춰 스스로 열 조절을 못하고 털이 적어 피부에 수분을 보충해 줘야 했습니다. 몸이 무거워 유목민을 따라 주기적으로 이동하기도 어려웠지요. 더구나 소와 양 같은 반추동물과 달리 섬유소가 적은 밀, 옥수수, 콩 등 인간이 먹는 음식을 먹었습니다. 돼지를 살찌우기 위해서는 많은 음식을 먹여야 했기에 건조 지역의 농경과는 어울리지 않았습니다.

이슬람에서 돼지를 금기시하는 이유 중 하나는 유대교의 '코셔Kosher' 때문입니다. 히브리어로 '합당한'의 뜻하는 카슈르트Kashrut의 영어식 단어입니다. 현재 할랄과 함께 전 세계적으로 안전한 음식으로 알려진 코셔Kosher는 유대인들의 까다로운 음식 계율입니다. 소, 양, 염소, 사슴 등 발굽이 둘로 갈라지고 되새김질하는 동물을 코셔로 분류하고 이 동물만을 먹었습니니

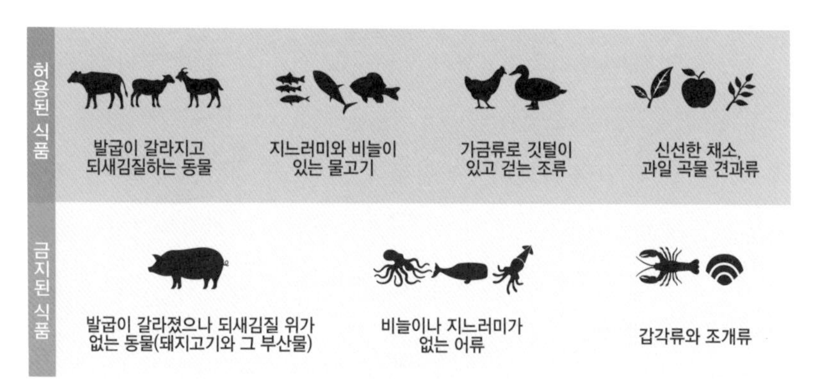

코셔의 식재료(출처: 농림축산식품부, 한국농촌경제연구소)

다. 코셔로 허용된 동물의 우유 및 유제품만을 먹을 수 있었고, 해산물 중에서는 지느러미와 비늘이 있는 물고기만 코셔가 되었고 갑각류와 조개류는 제외되었습니다. 특히 돼지의 경우 그 어느 쪽에도 속하지 않아서 유대인의 혐오 대상이 되었습니다. 그러나 최근 고대 유대인의 집터에서 돼지 뼈가 발견되었다고 합니다. 현대와는 다르게 고대에는 돼지고기를 소비했던 유대인이 있었다는 것을 알 수 있습니다.

이러한 유대인의 음식 문화가 건조문화권인 아랍인들에게도 영향을 미치게 되면서 돼지는 7세기 초 이슬람교 탄생 이후에도 혐오스러운 동물로 여겨졌습니다. 이슬람교 탄생 이후에도 무슬림에게 돼지는 더운 것을 먹는 불결한 짐승으로 취급되었습니다. 또한 일정한 짝 없이 여럿이 난교를 하는 타락한 동물로도 여겨져 왔습니다. 이처럼 돼지는 청결하고 건강한 음식을 먹어야 하는 무슬림의 음식 문화와는 거리가 멀었습니다.

돼지고기를 먹는 이슬람교도들 중앙아시아

이슬람 국가 중에서도 돼지고기를 먹는 것이 허용된 나라가 있습니다. 중앙아시아의 초원 국가들, 바로 카자흐스탄, 우즈베키스탄, 투르크메니스탄 등입니다. 누구든지 굶주렸거나 강제에 의한 경우를 꾸란에서는 불가항력으로 받아들여 아무 고기나 먹을 수 있도록 하였습니다. 교리에 어긋나지만, 어느 정도 허용의 길을 열어 놓은 것입니다. 중앙아시아 초원지대에서는 돼지고기를 먹지 않는 것이 오히려 심각한 자원 낭비일 뿐만 아니라 에너지 효율도 떨어지기 때문입니다. 또한 이들은 민족의 문화나 자연조건에 따라 금기를 다르게 허용하는 것이 결코 이슬람의 정체성을 약화할 것이라 보지 않습니다(이우평, 『모자이크 세계지도』).

미국을 대표하는 프랑스식 튀김, 프렌치프라이

햄버거를 먹을 때 세트 메뉴로 늘 찾게 되는 메뉴가 있습니다. 바로 '프렌치프라이French fries'입니다. 통감자를 가늘고 길게 썰어 기름에 튀겨 낸 프렌치프라이는 햄버거 가게에 없어서는 안 될 메뉴 중 하나입니다.

그런데 햄버거와 프렌치프라이, 조금 이상하지 않나요? 햄버거는 패스트푸드를 대표하는, 미국 자본주의의 상징적인 음식입니다. 그런데 프렌치프라이는 '프랑스식 튀김'을 의미합니다. 우리는 미국을 대표하는 햄버거와 프랑스식 튀김을 함께 먹고 있는 거죠. 근데 더 아이러니한 것은 이 '프랑스식'

패스트푸드의 대명사
햄버거 세트 메뉴

토마스 제퍼슨(출처: 위키피디아)

튀김의 기원을 두고 여러 나라가 논쟁을 벌이고 있다는 것입니다.

먼저 프랑스에서는 1789년 프랑스혁명이 일어나기 전부터 퐁네프 다리에서 노점상들이 판 감자튀김을 최초의 프렌치프라이라고 주장합니다. 이 감자튀김 pomme frites(프랑스어로 '튀긴 감자'라는 뜻)을 미국인들이 접하면서 'French Fried Potatoes'라고 불렀다는 것입니다. 또한 미국의 제3대 대통령인 토머스 제퍼슨Thomas Jefferson과 관련된 일화를 제시하기도 합니다. 프랑스 대사 재임 시절에 프랑스식 감자튀김을 접한 토머스 제퍼슨이 백악관에 손님을 초대한 만찬에서 프랑스식으로 만든 감자요리potatoes, fried in the french manner를 소개했고, 이것이 프렌치프라이라는 이름으로 다시 태어나게 되었다는 주장입니다.

프렌치프라이의 국적이 에스파냐라는 입장도 있습니다. 당시 에스파냐는 감자의 기원지인 중남부 아메리카의 여러 나라를 지배하고 있었습니다. 에스파냐가 최초로 유럽에 감자를 들여오면서 기름에 튀기는 조리 방식 또한 처음으로 개발했다는 주장입니다.

하지만 이러한 논쟁에 가장 적극적으로 참여하는 나라는 바로 벨기에입니다. 벨기에는 1680년경 예기치 못한 추위로 강이 꽁꽁 얼어붙어 물고기를 잡을 수 없게 된 남부 왈롱 지역 주민들이 감자를 물고기 모양으로 조각내 기름에 튀겨 먹었던 음식에서 프렌치프라이가 유래하였다고 주장합니다. 이후 제1차 세계대전 중 벨기에에 주둔하던 미국 군인들이 처음으로 이 방식의 감자튀김을 접하게 되었는데, 프랑스어를 사용하는* 벨기에 군인들을 보고 감자튀김을 프랑스 요리로 착각해 'French Fries'로 부르게 되었다는 것이 벨기에의 주장입니다.

기원에 대한 논란을 떠나 벨기에 사람들의 감자튀김 사랑은 그야말로 굉장합니다. 벨기에에서 '프리츠Frites'** 또는 '벨지안 프라이'라고 불리는 감자튀김은 벨기에의 국민 간식으로 통하며, 와플, 초콜릿과 더불어 벨기에에서 꼭 먹어 봐야 할 3대 먹거리 중 하나로 꼽힙니다. 벨기에 어디에서나 갓 튀긴 프리츠를 파는 전문점을 쉽게 찾아볼 수 있습니다. 실제로 벨기에의 인구당 감자튀김 가게 수는 미국의 인구당 맥도널드 수보다도 많습니다. 또한 북서부 브뤼주州에는 '프리츠 뮤지엄Friet museum'이라는 감자튀김 박물관이 있으며, 8월 1일은 '국제 벨지안 프라이의 날'로 지정되어 있습니다.

벨기에 프리츠

이렇듯 프렌치프라이의 기원을 두고 오랫동안 논쟁이 펼쳐져 왔지만, 원조 국가를 찾아내긴 쉽지 않을 것 같습니다. 프렌치프라이가 일반 서민들이 먹는 길거리 음식으로 시작되어 정확한 기록이 남아 있지 않기 때문입니다. 따라서 이 논쟁은 인류가 프렌치프라이

* 벨기에는 프랑스어와 네덜란드를 모두 공용어로 사용합니다.

** 프랑스어권에서는 프렌치프라이를 일반적으로 프리츠Frites라고 부르는데, 벨기에 또한 프랑스어 사용자 비율이 높아 프렌치프라이를 프레츠Fretes라고 부릅니다.

프리츠 뮤지엄

벨기에 브뤼헤에 있는 세계 최초의 감자튀김 박물관입니다. 감자와 감자튀김의 역사, 벨기에가 감자튀김의 원조국임을 알리는 자료와 사진, 감자칩 제조 기계 등이 전시되어 있습니다(출처: 위키피디아).

를 계속 먹는 내내 지속될 가능성도 있습니다.

일단 프렌치프라이가 유럽에서 시작된 것만은 분명해 보이지만, 전 세계 사람들에게 친숙한 음식으로 자리 잡게 된 것은 햄버거와 프렌치프라이를 세트 메뉴로 판매한 미국의 다국적 프랜차이즈 기업 맥도날드의 역할이 컸습니다. 맥도날드에서만 연간 약 150만 톤의 감자를 소비한다고 하니 실로 어마어마한 양이 아닐 수 없습니다. 결국 현재의 프렌치프라이는 중남부 아메리카가 원산지인 감자를 재료로 유럽에서 만들어졌으나, 미국을 대표하는 햄버거와 함께 미국 기업에 의해 전 세계에 널리 알려진 기묘한 역사를 가진 요리가 되었습니다.

포테이토칩은 언제부터 먹게 되었을까?

포테이토칩

감자로 만든 스낵 하면 가장 먼저 떠오르는 것이 바로 포테이토칩potato chip입니다. 짭짤하고 바삭한 포테이토칩은 언제부터 즐기게 된 걸까요? 조지 크럼George Crum은 뉴욕주의 고급 휴양지인 사라토가 스프링 지역에 있는 문 레이크 로지 리조트Moon Lake Lodge Resort에서 주방장으로 근무했습니다. 그 당시 감자를 튀겨 만든 프렌치프라이는 이미 미국에서 널리 즐겨 먹던 음식으로 크럼의 레스토랑에서도 많은 사람이 즐겨 찾는 메뉴였습니다. 그런데 하루는 어떤 손님이 찾아와 크럼이 만든 프렌치프라이가 너무 두꺼워서 설익었다며 불평을 했습니다. 이에 크럼은 고객의 주문대로 얇은 프렌치프라이를 만들어 음식을 내었지만 고객은 몇 번이고 퇴짜를 놓으며 더 얇은 것을 요구했습니다. 이에 크럼의 인내심은 한계에 도달했고 아예 포크로는 먹을 수 없을 정도로 감자를 얇게 자른 후 바삭하게 튀겨 소금을 왕창 뿌린 감자튀김을 내놓았습니다. 그런데 크럼의 의도와는 달리 손님은 그 얇고 바삭한 감자튀김을 아주 마음에 들어하며 찬사를 아끼지 않았습니다. 이에 크럼은 이 얇은 감자튀김에 사라토가 칩Saratoga Chip이라는 이름을 붙여 정식 메뉴로 판매하게 되었는데 이것이 레스토랑 손님들에게 큰 인기를 끌게 되었고, 크럼이 만든 이 얇은 감자튀김이 바로 최초의 포테이토칩으로 알려져 있습니다.

유럽에서 온 돈가스

겉은 바삭하고 속은 촉촉한 식감으로 남녀노소 누구에게나 사랑을 받는 대표적인 음식, 바로 돈가스입니다. 여러분은 돈가스라고 하면 어떤 돈가스가 떠오르시나요? 얇고 넓적한 돈가스 위에 소스를 듬뿍 부어 포크와 나이프로 잘라먹는 왕돈가스? 아니면 조각으로 잘라 낸 두꺼운 돈가스를 젓가락으로 집어 소금이나 우스터 소스에 찍어 먹는 일본식 돈가스? 아님 고소한 치즈를 품고 있는 치즈돈가스? 돈가스의 높은 인기만큼이나 다양한 종류의 돈가스가 판매되고 있습니다. 그런데 곰곰이 생각하면 이름이 참으로 특이합니다. 돼지고기로 만든 요리니 돈은 돼지豚를 의미하는 한자일텐데 대체 가스는 무슨 뜻일까요? 돈가스의 기원을 알기 위해서는 저 멀리 유럽에서부터 이야기를 시작해야 합니다.

돈가스는 유럽에서 시작된 커틀릿에서 유래되었습니다. 영어 커틀릿Cutlet은 프랑스어 코틀레트cotelette에서 유래된 말로 그대로 해석하면 '뼈 있는 갈빗살'이라는 뜻입니다. 그래서 본래 커틀릿은 송아지나 양고기의 뼈에 붙은 고기를 이용한 음식을 얘기했는데, 이후 얇게 저민 돼지고기, 소고기, 닭고기 등을 계란물, 빵가루에 묻혀 굽거나 튀겨 낸 음식을 두루 이르는 용어로 쓰이게 되었습니다.

치킨 커틀릿

그리고 1872년 『서양요리통』이란 책을 통해 일본에 커틀릿이 알려지게 되었는데, 받침을 잘 사용하지 않는 일본어의 특성 때문에 일본에서 커틀릿은 '카쓰레쓰カツレツ'라고 불렸습니다. 그로부터 23년이 지난 1895년에 도쿄의 경양식 레스토랑인 렌가테이에서 돼지고기로 만든 '포크pork 카쓰레쓰'를 팔기 시작했습니다. 프라이팬에서 부쳐 낸 다음 다시 오븐에 구워 시간이 오래 걸리는 커틀릿의 기존 요리법과는 달리, 렌가테이에서는 일본식 튀김 기법을 응용해 돼지고기에 밀가루와 계란, 빵가루를 입힌 후 많은 양의 기름에 완전히 담가 튀기는 방식으로 조리했습니다. 여기에 데미그라스풍의 특제 소스를 끼얹어 나이프와 포크로 잘라 가면서 먹을 수 있도록 했고, 느끼함을 없애기 위해 채를 친 양배추를 곁들였습니다.

그리고 1929년, 도쿄에 있는 서양 요릿집 폰치켄이 '포크카쓰레쓰'에서 포크를 한자 돈豚으로 바꾸고, 카쓰레쓰カツレツ의 앞글자를 따 '돈카쓰豚カツ'*라고 이름을 붙였습니다. 튀김 조리법을 이용해 고기를 속까지 익힐 수

* 표준 일본어 표기법에 따라 표기하면 '돈카쓰'이지만 우리나라에서는 관용성을 인정하여 '돈가스'가 표준어로 등재되어 있습니다.

렌가테이

일본 도쿄에 위치한 경양식 레스토랑으로 돈가스의 발상지로 알려져 있습니다. 돈가스 외에 오믈렛을 재해석하여 오므라이스를 처음 만든 곳으로도 유명합니다(출처: 위키피디아).

있게 되면서 돼지고기의 두께는 두꺼워졌고, 미리 썰어서 젓가락으로 집어 먹을 수 있는 형태로 바뀌게 되었습니다. 이후 돈가스를 판매하는 가게가 늘어나고, 일본 사람들의 입맛을 사로잡으면서 점차 돈가스는 일본을 대표하는 음식으로 자리 잡게 되었습니다. 또한 일본인의 돈가스 사랑은 다양한 응용 요리를 탄생시켰습니다. 돈가스 덮밥인 카쓰동, 돈가스를 이용한 전골 요리인 카쓰나베, 돈가스를 빵 사이에 넣어 먹는 카쓰산도 또한 일본인들이 사랑하는 대표적 요리들입니다.

돈가스가 우리나라에 소개된 것은 일제강점기인 1930~1940년대로 추정

일본식 돈가스와 한국식 돈가스

일본식과 한국식 돈가스의 가장 큰 차이는 고기 두께입니다. 일본식은 돼지고기를 두툼하게 썰어 튀기지만, 한국식은 얇게 저민 후 넓게 튀깁니다. 일본식은 소스를 따로 제공하는 반면 한국식은 소스를 돈가스 위에 부어 먹습니다. 일본식은 대부분 잘려 나와 젓가락으로 먹지만 한국식은 대부분 그대로 나와 포크와 나이프로 직접 잘라먹는 것도 차이 중 하나입니다.

됩니다. 하지만 경제가 어려웠던 시기에 값비싼 돼지고기 요리가 대중적인 음식으로 자리 잡기는 어려웠습니다. 돈가스가 대중화되기 시작한 것은 경제 성장이 시작된 1970년대부터입니다. 가벼운 서양 요리점을 표방한 경양식집에서 판매하는 돈가스가 많은 인기를 얻게 되었고, 돈가스는 당대를 대표하는 가족 외식 메뉴로 자리 잡았습니다.

우리나라 돈가스는 일본 돈가스와는 달리 고기를 넓게 두드려 펴서 얇게 요리합니다. 고기를 넓게 펴면 기름을 적게 쓸 수 있고 조리 시간도 짧아지는 데다 푸짐해 보이는 효과가 있었기 때문입니다. 또한 양식을 표방했기에 미리 자르는 일본식과는 달리 포크와 나이프를 이용해 직접 잘라먹었고, 스프가 함께 제공되었습니다. 그리고 돈가스 위에 소스를 뿌려 먹는데, 진하고 걸쭉한 일본 소스와는 달리 묽고 새콤달콤한 맛이 나는 것이 특징입니다. 시간이 흐르고 돼지고기 가격이 내려가면서 주머니가 가벼운 학생들과 택시 기사를 고려한 왕돈가스가 학교 앞 분식집이나 기사 식당 등에 등장하기도 했습니다.

일본과 우리나라뿐만 아니라 동아시아권에 속하는 중국과 대만 등에서도 돈가스를 먹습니다. 하지만 일본이나 우리나라 돈가스와는 또 다른 조리 방법으로 조리됩니다. 유럽의 커틀릿이 일본으로 전파되어 돈가스가 탄생했고, 이후 일본과 지리적으로 가까운 나라들로 전파되었습니다. 각국의 돈가스는 일본의 영향을 받았지만, 각국의 지리적 환경과 문화적 특징에 맞추어 저마다의 고유한 형태로 발전했습니다. 유럽 사람들이 동아시아에서 커틀릿을 기대하고 돈가스를 주문하든지, 동아시아 사람들이 유럽에서 돈가스를 기대하며 커틀릿을 주문하든지, 생각했던 모습이나 맛과는 달라서 당황하는 경우도 많다고 합니다. 유럽의 커틀릿에서 출발한 돈가스는 이제 유럽의 커틀릿과는 다른 매력을 가진 동아시아를 대표하는 요리로 자리를 잡았습니다.

참고문헌

21세기연구회, 2013, 『진짜 세계사, 음식이 만든 역사』, 미디어컴퍼니 쿠켄.

강순돌, 2022, 『포도야 넌 누구니』, 푸른길.

강재호, 2015, 『지리레시피』, 황금비율.

강희정 · 김종호, 2022, 『키워드 동남아』, 한겨레출판사.

권은중, 2015, 「밀이 선물한 가난, 자본주의를 낳다」, 『인물과사상』 212, 124–138.

권은중, 2019, 『음식 경제사』, 인물과사상사.

권혁재, 2005, 『한국지리(지방편)』, 법문사.

김건희 · 차경희 · 고성희 · 신원선 · 조미숙, 2020, 『음식과 세계문화』, 파워북.

김광오, 2020, 세계음식문화, 교문사.

김민주, 2014, 『50개의 키워드로 읽는 북유럽이야기』, 미래의창.

김아리, 2002, 『음식을 바꾼 문화 세계를 바꾼 음식』, 아이세움.

김의근 · 우문호, 2020, 세계음식문화, 백산출판사.

김의숙, 1998, 「황태 덕장 연구」, 『강원문화연구』 17, 41–69.

김정현 · 한종수, 2021, 『라면의 재발견』, 따비.

남원상, 2023, 맛집에서 만난 지리수업, 서해문집.

남철호, 2020, 「음식에 내포된 권력과 이데올로기–글로벌 히스토리 학설사를 중심으로」, 『동서인문학』 59, 169–201.

노시우 · 이해만, 2013, 「부산어묵의 정체성확립과 경쟁력강화를 위한 공동브랜드 제안」, 한국디지털디자인협의회 학술대회 자료, 123–124.

노완섭, 2006, 「라면의 역사」, 『동아시아식생활학회 학술발표대회논문집』, 47–59.

도현신, 2017, 『전쟁이 요리한 음식의 역사』, 시대의창.

로드필립스, 이은선 역, 2002, 『와인의 역사』, 시공사.

박남정 · 이루다, 『맛있는 짜장면의 역사』, 산하출판사.

방기철, 2022, 『한국 역사 속의 음식 1』, 경진출판.

브라이언 J, 소머스, 김상빈 역, 2018, 『와인의 지리학』, 푸른길.
빌 프라이스, 2017, 『푸드 오디세이』, 페이퍼스토리.
서종원, 2021, 『의정부 음식』, 의정부문화원.
손연숙, 2018, 「영국홍차의 탄생배경과 특성에 대한 연구」, 『차문화산업학』, 39, 127-158.
스티븐 크롤, 데카 역, 로버트 버드 그림, 2009, 『세계사에 없는 세계사』, 내인생의책.
안토니아 프레이저, 정영문 · 이미애 역, 2006, 『마리 앙투아네트』, 현대문학.
양민호, 2022, 「전란(戰亂) 속 음식문화 수용에 관한 연구」, 『차세대컨버전스정보서비스기술논문지』 11, 321-332.
엄정선 · 배두환, 2021, 『와인이 있는 100가지 장면 』, 보틀프레스.
엄하람 · 문정훈 · 허민정 · 정재석, 2018, 「삼진어묵 65년 경영사」, 『경영교육연구』 33(6), 81-106.
오카다 데쓰, 정순분 역, 2006, 『돈가스의 탄생』, 뿌리와이파리.
왕연중, 2011, 『발명 상식 사전』, 박문각.
우문호 · 엄원대 · 김경환 · 권상일 · 우기호, 2006, 『글로벌시대의 음식과 문화』, 학문사.
유영주, 2022, 『조선의 두부 일본을 구하다』, 단비출판사.
유중하, 2015, 『화교 문화를 읽는 눈, 짜장면』, 한겨레출판사.
유진아, 2019, 「부산의 장소성과 향토음식에 대한 인문학적 고찰」, 『지역과문화』 6(4), 1-21.
윤덕노, 2007, 『음식 잡학 사전』, 북로드.
윤덕노, 2015, 『음식이 상식이다』, 더난출판사.
윤덕노, 2016, 『전쟁사에서 건진 별미들』, 더난출판사.
윤덕노, 2019, 『음식으로 읽는 중국사』, 더난출판사.
윤석준, 2019, 「문화, 종교 그리고 음식-제국주의와 식민지 음식의 역습」, 『설비저널』 48(5), 86-90.
이길상, 2021, 『커피 세계사+한국 가배사』, 푸른역사.
이시게 나오미치, 한복진 역, 2017, 『일본의 식문화사』, 어문학사.
이시재, 2015, 「근대일본의 '화양절충(和洋折衷)'요리의 형성에 나타난 문화변용」, 『아시아리뷰』 5(1), 41-69.

이영미, 2004, 『토마토』, 김영사.
이영숙, 2012, 『식탁 위의 세계사』, 창비.
이영지, 2016, 『베트남, 라오스, 캄보디아, 3국의 커피, 누들, 비어』, 이담출판사.
이우평, 2020, 모자이크 세계지리, 푸른길.
이우평, 2011, 『모자이크 세계지리』, 현암사.
이윤정 · 최덕주 · 안형기 · 최소례 · 최재영 · 윤예리, 2016, 「냉면의 형성과 분화 고찰」, 『외식경영연구』 19(6), 255–272.
이종수, 2015, 「부산항의 음식문화 변동분석–1960~1970년대 자갈치시장과 초량지역을 중심으로」, 『인문학연구』 23, 161–197.
이진아, 2014, 『그래서 이런 음식이 생겼대요』, 도서출판 길벗.
이충호, 2002, 『와인전쟁』, 한길사.
이호욱, 2022, 「세계지리 과목에서 쾨펜의 무수목 기후에 대한 오해 풀기」, 『한국지리환경교육학회지』 30(4), 65–79.
임화선, 2023, 『두부, 꽃이 되다』, 한림출판사.
전국지리교사모임, 2014, 『세계지리 세상과 통하다』, 사계절.
전태영, 2005, 『세금 이야기』, 생각의나무
정광호, 2008, 『음식천국, 중국을 맛보다 · 이야기 속 중국 음식문화』, 매일경제신문사.
정기문, 2016, 「음식 문화를 통해서 본 세계사」, 『역사교육』 138, 225–250.
정수현, 2015, 「한국과 일본의 외래음식 수용과정 연구」, 『동북아문화연구』 45, 499–514.
정하봉, 2018, 『삶에는 와인이 필요하다』, 아르테.
조철기, 2017, 「음식을 매개로 한 지리교육의 새로운 방향」, 『한국지역지리학회지』 23(3), 626–637.
조철민, 2013, 『눈으로 보는 우리나라, 우리 자원이 소중하다고?』, 교원.
주경철, 2005, 『문화로 읽는 세계사』, 사계절.
주경철, 2015, 『모험과 교류의 문명사』, 산처럼.
주경철, 2021, 『바다 인류』, 휴머니스트.
주영하, 2020, 『백년식사』, 휴머니스트.
주영하, 2021, 『음식을 공부합니다』, 휴머니스트.
진경혜, 「서울시 음식거리의 형성배경과 발달과정에 관한 연구」, 『지리학논총』 49, 77–

105.
최민아, 2019, 『눈 감고, 도시』, 효형출판.
최인학, 1992, 「운남과 한국의 쌀문화」, 『비교민속학』 8, 199-212.
칼레스투스 주마, 박정택 역, 2022, 『규제를 깬 혁신의 역사: 왜 그들은 신기술에 저항하는가』, 한울아카데미.
캐롤린 스틸, 이애리 역, 2010, 『음식, 도시의 운명을 가르다』, 예지.
톰 스탠디지, 김정수 역, 2020, 『세계사를 바꾼 6가지 음료』, 캐피털북스.
페르낭 브로델, 주경철 역, 1995, 『물질문명과 자본주의 1-1』, 까치.
하상도 · 김태민, 『과학과 역사로 풀어본 진짜 식품이야기』, 좋은땅.
한복진, 2011, 『우리가 정말 알아야 할 우리 음식 백가지 2』, 현암사.
한식재단, 2013, 『맛있고 재미있는 한식이야기』, 한국외식정보.
헬렌 바이넘 · 윌리엄 바이넘, 김경미 역, 2017, 『세상을 바꾼 경이로운 식물들』, 사람의무늬.
호티 홍안, 2019, 「베트남 음식문화의 지역적 특성-"퍼(phở)"의 기원과 변천-」, 『강원문화연구』 40, 67-88.
홍익희, 2017, 『세상을 바꾼 음식 이야기』, 세종
홍익희, 2022, 『홍익희 교수의 단짠단짝 세계사』, 세종서적.
황교익, 2005, 「잘 먹는게 잘 쉬는 것」, 『월간샘터』.
Clarkson, Janet, 2013, Food History Almanac 2 Volume Set: Over 1,300 Years of World Culinary History, Culture, and Social Influence, Rowman & Littlefield Pub Inc.
T. Talhelm, X. Zhang, S. Oishi, C. Shimin, D. Duan, X. Lan, and S. Kitayama, 2014, Large-Scale Psychological Differences Within China Explained by Rice Versus Wheat Agriculture, SCIENCE 344, 603-608.

• 인터넷 자료

강원일보, 「[글로벌 와인 스토리]英-佛 백년전쟁의 불씨 '신의 물방울' 보르도」, 2023.4.21., https://m.kwnews.co.kr/page/view/2023042015425554396.
건강과 다이어트 생활정보, 2021.1.30, https://365health.tistory.com/544.

경남일보, 「[경일춘추]진주성 전투, 일본 두부의 새 역사를 쓰다」, 2022.1.19., https://www.gnnews.co.kr/news/articleView.html?idxno=492214.
광화문에서 읽다 거닐다 느끼다, '조선포로의 권위를 살린 두부', https://www.kyobostory.co.kr/contents.do?seq=332.
광화문에서 읽다 거닐다 느끼다, '짜장면이 정말 중국음식일까?', https://www.kyobostory.co.kr/contents.do?seq=864.
국립생물자원관 생물다양성정보, '도루묵', https://www.nibr.go.kr.
국제뉴스, 「강릉 갯방풍 지역 특화작목으로 자리 잡다」, 2017.4.19., https://www.gukjenews.com/news/articleView.html?idxno=694393.
나그네 쉼터, '전국사찰 맛집지도 15곳', https://blog.naver.com/hohoha55/221226459869.
나무위키, '비슈누', https://namu.wiki/w/%EB%B9%84%EC%8A%88%EB%88%84.
나폴리피자협회, 국제 규정, https://www.pizzanapoletana.org.
내셔널 지오그래픽, 'Are french fries truly frech?', https://www.nationalgeographic.com/culture/article/are-french-fries-truly-french.
네이버 블로그, '한 길, 오직 한마음으로', 2019.4.28., https://m.blog.naver.com/ydc0923/221524502583.
네이버 블로그, 「친환경 농업에 대해 알아보자! 오리 농법, 쌀겨 농법, 우렁이 농법」, 2022.10.26., https://blog.naver.com/farmsbiotech/222911092815.
네이버 지식백과, '강릉 초당두부', https://terms.naver.com/entry.naver?docId=3571165&cid=58987&categoryId=58987
네이버 지식백과, '약식', https://terms.naver.com/entry.naver?docId=580266&cid=46672&categoryId=46672.
네이버지식백과, '할랄(Halal)과 하람(Haram)' https://terms.naver.com/entry.naver?docId=5684136&cid=42717&categoryId=63035.
네이트뉴스, 「버터와 마가린의 '100년 식탁 전쟁' 최후 승자는?」, 2014.6.18., https://news.nate.com/view/20140618n24069.
농민신문, 「콩을 갈아 만든 조선 두부 명나라 황제의 입맛을 사로잡다」, 2021.8.19., https://publish.nongmin.com/photo/article/2000/2021/09/20002021090014.pdf.

농심, '라면이란', http://www.nongshim.com/promotion/ramyun_pedia/pedia.
뉴스1, 「돈가스의 유래와 역사」, 2018.9.3., https://www.news1.kr/articles/?3416233.
뉴시스, 「사찰음식, 세계 3대 요리학교 '르 꼬르동 블루' 정식 과목 채택」, 2022.5.19., https://mobile.newsis.com/view.html?ar_id=NISX20220519_0001877947#_PA.
대한금융신문, 「가는 겨울 아쉬워 찾은 계절의 별미 '메밀묵'」, 2022.3.13., http://www.kbanker.co.kr/news/articleView.html?idxno=203750.
대한급식신문, 「[한식 이야기] 족발」, 2019.9.29., /https://www.fsnews.co.kr/news/articleView.html?idxno=35047.
대한민국 구석구석, '짜장면이 태어난 차이나타운의 먹자골목, 인천 북성동원조자장면거리와 짜장면박물관', https://korean.visitkorea.or.kr/detail/rem_detail.do?cotid=1bb9cb5a-a71e-48e4-adc6-cd8e9baa1cfe&con_type=11000.
더스쿠프, 「[서울대 생활과학연구소 특약] 한국인의 키가 일본인보다 큰 이유」, 2018.11.9., https://www.thescoop.co.kr/news/articleView.html?idxno=32565.
데일리경제, 「와인칼럼니스트[변연배의 와인과 함께하는 세상 54] 전쟁과 와인」, 2020.12.10., http://www.kdpress.co.kr/news/articleView.html?idxno=99273.
동아일보, 「[윤덕노의 음식이야기]〈22〉녹두묵」, 2011.4.7., https://www.donga.com/news/article/all/20110407/36221034/1.
디지털서귀포문화대전, '제주고소리술', http://www.grandculture.net/seogwipo/search/GC04601624?keyword=%EC%88%A0&page=1.
맛있는 이야기, 「삼국지 제갈공명은 만두를 발명하지 않았다」, 2020.10.11., https://band.us/@junustory.
맛있는 이야기, 「우유의 혁신을 이끈 마피아 두목 알 카포네」, 2022.4.25., https://band.us/@junustory.
매일경제, 「[음식평론가 윤덕노의 음食經제] 샌드위치부터 베이글 파니니, 크루아상에 담긴 빵 이름의 비밀」, 2021.2.3., https://www.mk.co.kr/news/culture/9735880.
매일경제, 「벨기에엔 프렌치 프라이가 없다?」, 2019.4.29., https://www.mk.co.kr/news/culture/8793615.
면사랑, '한국 근현대사를 관통한 짜장면', https://www.noodlelovers.com/_kor/developer/m_product_noodle_set/m_index.asp?m_mode=product_view&pds_no

=20181112161334662288208&sel_no1=86.
부산일보, 「[이 주일의 역사] 마가린 발명 특허(1869.7.15.)」, 2009.7.13., https://www.busan.com/view/busan/view.php?code=20090713000034.
브런치스토리, 「영국의 대표음식은 피시앤 칩스가 아니라…」, 2021.10., https://brunch.co.kr/@capplus1/26.
새전북신문, 「[온누리]전주 백산자」, 2018.12.4., http://www.sjbnews.com/news/articleView.html?idxno=623818.
세계일보, 「술 마시기 위해 농사 지은 인류? [명욱의 술 인문학]」, 2021.2.20., https://v.daum.net/v/20210220180206203.
시니어매일, 「난징(南京)오리고기와 베이징(北京)오리고기는 별개일까」, 2021.4.19., http://www.seniormaeil.com/news/articleView.html?idxno=28597.
아시아 경제, 「[와인이야기]전쟁 필수품이었던 와인」, 2017.11.17., https://www.asiae.co.kr/article/2017111314511813317.
아시아경제, 「포크커틀릿은 어떻게 돈가스가 됐나」. 2017.6.11., https://www.asiae.co.kr/article/2016120914372051802.
안동 간고등어 홈페이지, '안동 간고등어 유래', https://godunga.co.kr/shop/index.php?doc=program/doc.php&do_id=12.
어린이조선일보, 「[신현배 작가의 맛 이야기] 조선을 빛낸 두부」, 2010.6.27., https://kid.chosun.com/site/data/html_dir/2010/06/25/2010062501489.html.
연합뉴스, 「[정전 70년, 피란수도 부산] (22) 피란민 고픈 배 채운 돼지국밥」, 2023.8.26., https://www.yna.co.kr/view/AKR20230816059800051.
연합뉴스, 「〈맛난 음식〉 새벽 바다 머금은 강릉 초당두부」, 2016.7.16., https://www.yna.co.kr/view/AKR20160706146600805.
오리지날 벨지안 프라이즈, '감자튀김은 벨기에가 원조입니다', https://originalfries.eu/ko/originate_from_belgium_ko.
오마이뉴스, 「자장면의 유래와 자장면 이야기」, 2001.4.23., https://www.ohmynews.com/NWS_Web/View/at_pg.aspx?CNTN_CD=A0000039756.
우리역사넷, 「쌀은 우리에게 무엇이었나를 내면서」, 2009.5., http://contents.history.go.kr/mobile/km/view.do?levelId=km_026_0020.

울산신문, 「서민음식으로 사랑받는 밀면과 돼지국밥」, 2015.4.15., https://www.ulsanpress.net/news/articleView.html?idxno=189976.
월간조선, 「초보자를 위한 와인 가이드① 와인의 역사와 종류: 와인은 병 속에서 계속 숙성 코르크 따면 빨리 마셔야」, 2007.10., https://monthly.chosun.com/client/news/viw.asp?nNewsNumb=200710100048.
월간조선, 「춘장과 야채 볶는 불의 강도와 시간이 관건」, 2011.11., https://monthly.chosun.com/client/news/viw.asp?nNewsNumb=201111100020.
월간중앙, 「[새 연재 조홍식의 자본주의와 문화 – 물질문명의 파노라마(1)] 문명을 나누고 역사를 바꾼 '음식 권력'」, 2020.12.17., https://jmagazine.joins.com/monthly/view/332441.
위키백과, '베다시대', https://ko.wikipedia.org/wiki/%EB%B2%A0%EB%8B%A4_%EC%8B%9C%EB%8C%80.
위키백과, '소욤보', https://ko.wikipedia.org/wiki/%EC%86%8C%EC%9A%A4%EB%B3%B4.
위키백과, '할랄', https://ko.wikipedia.org/wiki/%ED%95%A0%EB%9E%84.
유네스코한국위원회, https://heritage.unesco.or.kr.
장준우, 「프렌치 프라이의 원조를 찾아 떠나는 기묘한 모험」, 『장진우의 푸드 오디세이』, https://brunch.co.kr/@julieted17/13.
전북일보, 「조선 최초의 '요리품평서' 익산 함열서 쓰였다…허균의 '도문대작(屠門大嚼)'」, 2012.4.20., https://www.jjan.kr/article/20120419433517.
전통문화포털, '자장면', https://www.kculture.or.kr/brd/board/219/L/menu/456?brdType=R&thisPage=1&bbIdx=8362&searchField=&searchText=&recordCnt=10.
전통문화포털, '한식문화사전', https://www.kculture.or.kr/brd/board/640/L/menu/735?brdType=R&bbIdx=13152.
전통문화포털, 한식문화공감, https://www.kculture.or.kr/brd/board/649/L/menu/712?brdType=R&thisPage=1&bbIdx=12989&searchField=&searchText=&recordCnt=9.
조선일보, 「[식탁 위 경제사] 밀 수확량의 1.7배… 중세까지 동양이 앞선 이유 중 하나였죠」, 2020.7.3., https://newsteacher.chosun.com/site/data/html_dir/2020/07/02/2020070200426.html.
주간 조선, 「중국 시안 下-실크로드와 양귀비」, 2017.1.23, http://m.weekly.chosun.com/news/articleView.html?idxno=11080.
중도일보, 「[와인이야기]보르도 둘러싼 英-佛 백년전쟁」, 2007.3.15., https://m.joongdo.co.kr/view.php?key=200703150000000138.
중앙선데이, 「영국 대표 음식, 피시앤칩스 아닌 '치킨 티카 마살라」, 2020.12.26., https://www.joongang.co.kr/article/23954987.
중앙일보, 「왕연중 소장의 생활 속 발명 이야기 〈3〉 버터와 마가린」, 2014.11.23., https://www.joongang.co.kr/article/16499019#home.
지역N문화, '인천에서 다시 태어난 짜장면', https://ncms.nculture.org/food/story/1799.
지역N문화, '피난민 음식에서 야식으로 꽃 핀 족발', https://ncms.nculture.org/korean-war/story/4305.
한국경제, 「백년전쟁이 만든 치명적 달콤함…포르투로 와~」, 2023.7.28., https://www.hankyung.com/article/2023072777631.
한국민족문화대백과사전, '냉면', https://terms.naver.com/entry.naver?docId=533438&cid=46672&categoryId=46672
한국민족문화백과대사전, '두부', https://encykorea.aks.ac.kr/Article/E0017005.
한국비버리지마스터협회, '와인의 정의'. https://www.beveragemaster.kr/beverage_wine/15319.
한국외식신문, 「두부의 뿌리를 찾아서」, 2021.4.12., https://www.kfoodtimes.com/news/articleView.html?idxno=15628.
한국일보, 「백년전쟁이 빚은 보르도 와인의 반전」, 2021.5.8., https://m.hankookilbo.com/News/Read/A2021050609190002091?rPrev=A2021071509340004080.
해외식품인증정보포털 '코셔', https://www.foodcerti.or.kr/certificate/kosher.
해외식품인증정보포털 '할랄', https://www.foodcerti.or.kr/certificate/halal.
헬스컨슈머, 「홍익희 교수의 음식 교양 이야기(쌀) 36」, 2020.3.31., http://www.healthumer.com/news/articleView.html?idxno=3395.
헬스컨슈머, 「홍익희 교수의 음식 교양이야기(밀) 6」, 2019.9.3., http://www.healthum

er.com/news/articleView.html?idxno=2151
City of Austin, 'Jay C. Hormel', https://www.ci.austin.mn.us/boards-commissions/pillars-of-the-city/jay-c-hormel.
CNN, 「How Spam became cool again」, 2022.10.4., https://edition.cnn.com/2022/10/01/business/spam-pop.
Egypt Museum, 이집트 조각품 내용, https://egypt-museum.com/akhenaten-sacrificing-duck-to-aten.
Global Information, 「세계의 케첩 시장: 산업 분석, 동향, 시장 규모, 예측(-2030년)」, 2023.8., https://www.giikorea.co.kr/report/ingl1343582-ketchup-market-global-industry-analysis-trends.html?CODE=ingl1343582-ketchup-market-global-industry-analysis-trends.html&TYPE=0.
HISTORY, 「Who Invented the Sandwich?」, 2014.7.18., https://www.history.com/news/sandwich-inventor-john-montagu-earl-of-sandwich.
KES명작다큐, '인사이트 아시아 누들로드 영상', 2007.
MBC뉴스, 「[뉴스터치] 돼지국밥 고향은 '북한'…피난민과 함께 정착」, 2019.1.25., https://imnews.imbc.com/replay/2019/nwtoday/article/5133898_28983.html.
SBS뉴스, 「프랑스 와인의 역사」, 2002.5.31., https://news.sbs.co.kr/news/endPage.do?news_id=N0311235592&plink=COPYPASTE&cooper=SBSNEWSEND.
UN식량농업기구, https://www.fao.org.
URBAM LIFE METRO, 「『鬼滅の刃』でおなじみ 牛鍋弁当の「牛鍋」とはいったい何だったのか?」, 2021.10.25., https://urbanlife.tokyo/post/69448.
YES24 블로그, '동물은 풀을 먹고 사람은 고기를 먹는다', 2011.5.27., https://m.blog.yes24.com/hunykhan/post/4199992.
YTN 뉴스, 「반갑다 북극한파…웃음꽃 핀 황태덕장」, 2016.1.20, https://www.ytn.co.kr/_ln/0103_201601201500217278.
仙台牛肉のみやび, 「すき焼きと牛鍋の違いは??それ´すき焼きじゃなくて牛鍋かも!?」, 2018.11.5., https://niku-miyabi.com/news/sukiyaki-gyunabe.